HORLOGEOGRAPHIE

PRATIQUE,

OU

LA MANIERE

DE FAIRE

LES HORLOGES

A POIDS.

Avec la Methode de faire & diviſer d'une
ſeule ouverture de Compas tous les Cercles de la Platteforme des Horlogeurs.

Et celle de trouver la proportion d'un Dia-
mettre à ſon Cercle, tant pour les nombres
pairs qu'impairs.

Par le P. B. Religieux Auguſtin. *profés*
du couvent de ... seis rue ...
mort a Carhaix ... en basse ...
en 1739

A ROUEN,

Chez PH. P. CABUT, ruë du Bec, proche
la Meſſagerie de Paris.

M. DCC. XIX.
AVEC PRIVILEGE DU ROY.

AVANT PROPOS.

AMI Lecteur, quand je me suis proposé de dire quelque chose touchant la fabrique des Horloge à gros volume, ou Horloges à poids, j'ai prétendu seulement donner des regles pour montrer la maniere de les faire, & ce à la priere de mes amis qui m'en sollicitent depuis long-tems, pour la satisfaction des personnes qui n'en ont nulle connoissance, au moins peu, & qui pourtant voudroient bien si employer ; les uns pour leur divertissement, & les autres pour y gagner leur vie. Ce qui m'a poussé à entreprendre ce travail plus volontiers, est que je ne sçai pas d'Auteur en France qui en ayent jamais donné la maniere de les faire avec les figures des pieces qui composent cette admirable & industrieuse machine.

Plusieurs en ont parlé comme d'une

A ij

chofe faite & non à faire ; les uns , comme M. de Sully en France a donné depuis
peu des regles pour les bien regler & les
bien connoître ; c'eſt-à-dire bien ſçavoir
diſtinguer une bonne Horloge ou Montre
d'avec une qui eſt mauvaiſe ; avec pluſieurs
beaux & ſçavans raiſonnemens à ce neceſſaires , & fort utiles pour leur conduite :
Ce qu'à fait auſſi Mr Huguens.

En Angleterre pluſieurs ſçavantes Per-
ſonnes en ont encore traité avec beaucoup
d'érudition.

Le P. Caprilla Capucin a fait un Traité
des Horloges à rouës ; mais je l'ai cherché
dans pluſieurs Bibliothéques , même dans
des plus curieuſes de ces RR. PP. ſans l'y
avoir pû trouver. Comme celuy du P.
François Archange Radix Jacobin ſur les
Horloges de ſable. Ne pouvant donc a-
voir d'aide par aucun Auteur , je me ſuis
déterminé à y travailler de moi-même , &
j'ai crû pour pouvoir réüſſir avec utilité
en devoir donner des modéles ſur le papier
autant précis que je l'ai pû faire , pour me

faire entendre aux jeunes ouvriers qui n'y
ont jamais travaillé : car c'est pour eux
que je donne ce petit Ouvrage, & non
pour les maîtres ; me refervant à un autre
tems à en donner des regles précifes, &
plufieurs autres chofes affez curieufes pour
ces Meffieurs : Comme faire une Horloge
avec des rouës de figure ovale, & toutes
divifées d'une feule ouverture de compas;
auffi trouver leurs diametres donnés pour
en tracer la periferie, avec des Tables toutes calculées pour les nombres pairs & impairs depuis le plus petit jufqu'au plus
grand, comme aux Platteformes ordinaires des Horlogeurs (deux queftions affez
curieufes pour Meffieurs les Geometres :)
Si cette machine n'eft pas plus utile que
l'Horloge ordinaire, au moins fera-t-elle
plus rare & plus curieufe.

Si je ne me fers pas des termes propres
& ufitez par les Maîtres Horlogeurs,
j'efpere qu'ils auront la bonté de m'excu-
fer, d'autant plus qu'ils fçauront que je
ne fuis point du métier, & que je n'y ai

jamais travaillé de la main.

Je divife donc ce petit Traité en cinq parties principales.

La premiere eft un Abregé d'Arithmetique pour ceux qui en voudront fçavoir quelques chofes, neceffaires à la conftruction de la Platteforme, &c.

La feconde un abregé de Geométrie, affez fuffifant pour apprendre quelques termes dont on fe fert & dans le métier & dans la formation de ladite Platteforme, ainfi que dans la compofition des Tables pour la divifion.

La troifiéme eft l'inftruction pour faire & fe fervir de cette Platteforme avec fes Tables.

La quatriéme eft la maniere de faire un Réveil-matin.

Et la cinquiéme eft celle de faire une Horloge fonnant les heures.

Comme je travaille uniquement pour ceux qui n'ont point encor travaillé à cette belle & ingenieufe machine, je croi qu'il eft à propos de mettre les noms des

inftrumens les plus neceffaires pour y parvenir, comme

Un Etoc bien trempé.

Des Marteaux de fer de diverfes groffeurs, auffi bien trempés.

Un Compas à l'ordinaire, & un autre
au travers duquel paffe une portion de
cercle, de forte qu'avec une petite viffe
on puiffe fixer fon ouverture plus ou
moins grande : on apelle ce compas à
pointes dormantes.

Des Limes plattes, demi rondes, rondes ou queuës de rat, à tiers-points & qua-
rées ou quarlets & coupantes ; le tout de
plufieurs façons ; c'eft-à-dire de grandes
& petites.

Des Regles petites & plus grandes.

Des Forets de plufieurs groffeurs.

Un Archet & des Burins.

Une petite Enclume.

Des Tenailles & des Pincettes pour les
Goupilles.

Un Tour pour tourner fes ouvrages,
comme il eft tracé aux planches 11 & 12

des Figures de la cinquiéme partie de ce Traité.

Quelques-uns difent que les Horloges à contre-poids & à reffort parurent en France vers l'an 850 , fous le regne de Lotaire , fils de Louïs le Debonnaire, & que ce fut un nommé Pacifique Archidiacre de Veronne en Italie qui en eft l'inventeur.

Les Chinois eftiment fort les Horloges qui leur viennent de l'Europe.

Au Royaume de Bifnagar en Afie , il y a une montagne à Candegry où eft une Horloge qui fonne 64 heures au lieu de 24 comme les nôtres : & les 64 font diftinguées en quatre parties du jour, & autant de la nuit, & chaque partie à 8 heures ; de forte qu'un quart & demi des nôtres fait une des leurs ; & quand les 8 font finies l'Horloge fonne quelque coups pour fignifier que cette partie du jour ou de la nuit eft paffée.

HORLOGEOGRAPHIE
PRATIQUE.

PREMIERE PARTIE.

ABREGE' D'ARITHMETIQUE,
utile à cét Ouvrage.

C E que je donne ici d'Arithmetique, c'est que pour l'intelligence, ou une preparation pour en sçavoir davantage, aux personnes qui voudront la pousser plus loin, en voyant les Auteurs qui en traitent à fond ; sans doute qu'il se trouvera des personnes assez curieuses dans la suite de leur travail pour vouloir sçavoir la composition des Tables de la Platte-forme que je donne ci-aprés. Pour y parvenir, il faut sçavoir additionner, soustraire, multiplier & diviser, qui sont les quatre premieres & principales regles de l'Arithmetique & le principe des Mathematiques. Je serai le plus succinct qu'il me sera possible, sans pourtant rien oublier de ce qui seranecessaire.

Avant que d'entrer dans ces quatre regles il faut sçavoir que pour l'ordinaire on ne divise

le plus grand Cercle qu'en trois cens parties
égales ou parties majeures , chacune de ces
parties ou degrez en foixante autres parties
(qu'on apelle particules ou minutes) chaque
minute en foixante autres parties (qu'on apelle
fecondes ou particules de particules ,) & ainfi
de fuite ; on les exprime fur le papier comme
ci-aprés ,

$$20^\circ.\ 12'.\ 37''.$$

qui veulent dire vingt degrez , 12 minutes ,
trente-fept fecondes ; les degrez peuvent être
reprefentez par les dents d'une rouë d'Horloge & leurs vides : car une rouë qui aura par-
exemple , 60 dents , eft fuposée être divifée en
cent vingt parties , à caufe des vides qui font
entre les dents de cette rouë ; ainfi voila ce
qu'on apelle degrez ou parties majeures du
cercle.

J'ai dit ci-deffus qu'on divife ordinairement
le cercle en trois cens foixante parties égales ,
on peut toutefois le diviser en autant qu'on en
a à faire ; comme fi je voulois une rouë divisée
en trois cens foixante & cinq , &c. ainfi qu'il
eft marqué dans la Table des nombres impairs
de la Platteforme mife ci-aprés. Voilà ce qui
regarde la divifion du Cercle.

Quant à la ligne on la peut auffi divifer &
couper en autant de parties qu'on veut , comme par exemple le diamettre du cercle de

foixante de la Platte-forme, qui eft d'abord divisé en huit parties majeures égales, & chacune de ces parties en quinze ; de forte que tout
le diametre eft divisé en cent vingt particules,
& le cercle feulement en foixante parties majeures, ou trois cens foixante particules : Or
pour pouvoir venir à la connoiffance de tout
ceci il eft neceffaire de fçavoir les quatre premieres regles d'Arithmetique, & un peu de la
regle de Trois fimple, dont je vas donner un
un petit abregé.

REGLE D'ADDITION.

ADditionner, c'eft comme fi vous difiez
ajoûter, ou de plufieurs fommes n'en faire qu'une ; par exemple : 2 & 3 font 5, 6 & 6
font 12, 9 & 6 font 15, &c. On apelle nombre
le premier chiffre du côté de la main droite,
dixaine fon voifin fur vôtre gauche, centaine
le voifin de celuy-ci, &c. comme vous pouvez
voir ci-deffous.

mil, centaine, dixaine, nombre
9--------4---------7----------8
neuf mil quatre-cens foixante-dix-huit.

Mais en nombrant cette fomme, c'eft le dernier nommé, parce qu'on commence toûjours
à gauche, allant vers la droite ; ainfi fi je veux

nombrer cette fomme je commencerai par le neuf, & je dirai neuf mil, paffant à l'autre fon voifin quatre cens , & aux autres foixante & dixhuit, foient degrez, livres, pieds de Roy & telle autre chofe que vous voudrez.

Je veux ajoûter les trois fommes fuivantes, c'eft à dire des trois fommes n'en faire qu'une qui vaudra autant elle feule que les trois fepa-rément.

$$7462$$
$$8924$$
$$235$$
$$\overline{16621}$$

Je dis en commençant par la droïte , deux & quatre font fix & cinq font onze, je pofe un deffous la colomne, & je retiens en memoire une dixaine, que j'ajoûte au 6 qui eft dans la colomne des dixaines font fept , & deux font neuf & trois font douze, je pofe deux deffous la colomne & je retiens la dixaine, que j'ajoûte au 4 qui eft à la colomne des cent, font cinq & neuf font quatorze & deux font feize, je pofe fix fous la colomne & je retiens toûjours la dixaine ou les dixaines s'il y en avoit & l'ajoûte au 7 font huit & huit font feize , je pofe le nombre fix & j'avance la dixaine, comme vous voyez. Cette derniere fomme vaut autant elle feule que les trois autres , & fait feize mil fix

cens vingt & un, foient degrez, livres, pieds
de Roy, &c.

Il faut remarquer que toutes les additions de
nombre entiers fe font de la même maniere
que je viens de dire ; mais que quand il fe rencontre des particules avec ces entiers on les ex-
pofe fur le papier aprés les entiers , comme il
fuit,

$$346^o \quad 26' \quad 56''$$
$$725 \quad \quad 9 \quad \quad 17$$
$$\overline{1071^o \quad 36' \quad 13''}$$

Et vous commencez toûjours par la droite,
en difant : Six & fept font treize, je pofe trois
fous la colomne & retiens la dixaine en memoire, que je joint au cinq fuivant font fix & un
font fept, qui font fept dixaines , par confe-
quent foixante & dix ; fouvenez-vous que je
vous ai dit ci-deffus qu'il falloit foixante fecondes pour faire une minute , ainfi puifque
vous en avez foixante-dix, c'eft-à-dire de fecondes, il faut donc exprimer fous la colomne
ce plus qui eft une dixaine, & vous retenez en
memoire une minute que vous joignez aux fix
fuivantes dans la colomne des minutes , font
fept & neuf font feize, j'écris fix fous fa colomne & retiens la dixaine que je joint au deux
fuivant, font trois, que je pofe fous fa colomne;
enfuite je paffe aux degrez & je dis , fix & cinq

font onze, je pofe un deffous & retiens la dixaine pour la joindre au quatre fuivant toûjours
vers la main gauche, font cinq & deux font fept
que je pofe deffous ; puis je dis trois & fept font
dix, je pofe zero ou o deffous fa colomne, j'a-
vance un plus loin & c'eft fait ; ainfi ces deux
fommes font mil foixante & onze degrez, trente-fix minutes, & treize fecondes.

Tout le fecret de l'addition confifte à fçavoir
combien il faut de particules pour faire un tout,
par exemple combien il faut de deniers pour
faire un fol, ce font douze. Combien il faut de
fols pour faire une livre ou franc, ce font vingt.
Combien de pieds pour faire une toife, il en
faut fix, &c. Et ce qui vient au deffus les écrire
deffous la colomne de leurs particules, & porter le tout ou les touts en leur colomne qui fuit
vers la gauche : Ce qui vient au deffus de la
dixaine ou des dixaines quand il y en a, le pofer
fous la colomne, retenant toûjours le nombre
des dixaines, pour le porter à la colomne des
dixaines, les centaines à la colomne des
centaines, ainfi de fuite.

SOUSTRACTION.

LA Souftraction eft la feconde regle de l'A-
rithmetique, & veut dire ôter une moindre fomme d'une plus grande, comme ci-aprés.

Une perſonne m'a prêté 3 ſ. & je luy ai rendu 2 ſ. il eſt aiſé de voir que je ne luy dois plus qu'un ſol.

Pour faire cette Regle comme il faut, il convient mettre toûjours la plus petite ſomme deſſous la plus grande ; ainſi que vous voyez ci-aprés.

$$3 \text{ ſ. dette.}$$
$$2 \text{ ſ. payé.}$$
$$\overline{1 \text{ ſ. reſte à payer.}}$$

Je dis qui de 3 paye 2 reſte 1 , que je marque deſſous le payé ; & c'eſt fait.

AUTRE EXEMPLE.

$$226$$
$$122$$
$$\overline{104}$$

Pour faire cét exemple , je dis , qui de 6 paye 2 , reſte 4 , qui de 2 paye 2 , reſte rien, poſe zero ou o , puis qui de 2 paye 1 reſte 1 ; puis l'exemple eſt fini , faiſant livres ou autres choſes.

III. EXEMPLE.

Je ſuis dans un païs ou le plus long jour eſt de ſeize heures, & je ſçai qu'il y a cinq heures que le Soleil eſt levé ; je veux ſçavoir combien il y a d'heures juſqu'au Soleil couché.

J'écris d'abord la plus groſſe ſomme, c'eſt ſeize , & la plus petite deſſous c'eſt cinq ; les

dixaines , &c. comme vous voyez en l'exemple
suivant.

$$\begin{array}{r} 16 \\ 5 \\ \hline 11 \end{array}$$

Puis je dis, qui de 6 ôte 5 , reste 1 , que je
mets deſſous la ligne : puis qui de 1 ne paye
rien reſte 1 , que j'écris encor, ainſi il reſte 11
heures juſqu'à ce que le Soleil ſoit couché.

AUTRE EXEMPLE.

$$\begin{array}{r} 1 6 6 2 1^{\circ} \text{ dette.} \\ 96 \\ \hline 1 6 5 2 5^{\circ} \text{ reſte.} \end{array}$$

Je veux ôter ou ſouſtraire quatre-vingt ſeize
degrez de ſeize mil ſix cens vingt & un.

J'écris les deux ſommes comme vous les
voyez à cet exemple ; c'eſt-à-dire la plus petite
96 deſſous la plus groſſe 16621. Puis je dis,
qui de onze (en empruntant une dixaine ſur
le 2) ôte ſix, reſte 5 , que j'écris deſſous ſa colomne , paſſant au 2 qui ne vaut plus qu'un à
cauſe que j'ay emprunté un , je dis qui de un
paye neuf ne peut , c'eſt pour cela que j'em-
prunte encore une dixaine ſur le 6 ſon voiſin ,
font onze, qui de 11 paye 9 reſte 2 , que j'écris
deſſous ſa colomne ; ce 6 dont j'ai emprunté
un

un ne vaut plus que cinq, ainſi je dis, qui de 5 ne paye rien reſte 5, que j'écris auſſi, & les autres qui ſuivent puiſqu'il n'y a plus rien à ôter.

La preuve de tout ceci ſe fait en ajoûtant enſemble le payé & le reſte, la ſomme qui en viendra doit être ſemblable à celle de la dette.

IV. EXEMPLE.

$$24^{\circ} \quad 46^{\mathrm{I}} \quad 12''.$$
$$14^{\circ} \quad 24^{\mathrm{I}} \quad 6''.$$
$$10^{\circ} \quad 22^{\mathrm{I}} \quad 6''.$$

Je veux ôter quatorze degrez, vingt-quatre minutes, ſix ſecondes, de 24 degrez, 46 minutes, douze ſecondes; aprés avoir poſé vos deux ſommes comme vous les voyez, vous dites, qui de douze ſecondes en ôte ſix, reſte ſix, que vous poſez deſſous; puis qui de ſix en ôte quatre reſte deux, qui de quatre ôte deux reſte deux, que je place avant le 4 vers la main gauche. Enfin paſſant aux degrés, je dis, qui de 24 ôte 14, ou plûtôt & mieux, qui de 4 ôte 4, reſte 0, que je poſe deſſous, puis qui de 2 paye 1, reſte 1, & la ſouſtraction eſt finie; de ſorte qu'il reſte dix deg. vingt-deux min. ſix ſec. Ainſi des autres que je paſſe ſous ſilence pour entrer dans la multiplication.

B

MULTIPLICATION.

MUltiplier un nombre par un nombre, ou ajoûter un nombre à un autre autant de fois que ce premier vaut, eſt la même choſe; comme par exemple multiplier quatre par deux font huit, ou ajoûter deux quatre fois, font auſſi huit, ainſi l'un revient à l'autre; mais pour l'ordinaire & pour plus de facilité on multiplie le plus gros par le plus petit; la plus groſſe ſomme ſe met donc la premiere, & s'apelle nombre à multiplier ou multipliande; la plus petite ſe met deſſous, qu'on apelle multiplieur ou ſomme qui multiplie l'autre, & ce qui provient de ces deux ſommes s'apelle produit.

4 multipliande.	1 2
2 multiplieur.	4
———	———
8 produit.	48

Pour multiplier 4 par deux vous dites, deux fois quatre font huit, & c'eſt fait. A l'autre ſomme quatre fois deux font huit, & quatre fois un font quatre, ainſi cette derniere ſomme fait 48.

AUTRE EXEMPLE.

2 2 multipliande.
1 2 multiplieur.
—————
264 produit.

Pour faire cette regle, ayant posé la somme
à multiplier d'abord, je mets le multiplieur dessous comme vous voyez, & tire un trait dessous,
je dis en commençant par la droite : deux fois
deux font quatre, je pose ce quatre dessous mon
multiplieur. Je passe à l'autre vers la gauche &
je dis, deux fois deux font encore quatre, que je
pose dessous sa colomne ; ensuite je dis une fois
deux est deux, que je mets dessous mon multiplieur, & une fois deux fait encore deux, que
j'avance vers la gauche, puis j'ajoûte ces deux
sommes & c'est fait : de sorte qu'il vient au produit deux cens soixante & quatre. Vous voyez
bien qu'en multipliant une somme par une autre vous venez plus facilement à bout de vôtre
regle que si vous ajoûtiez vingt-deux fois douze
ou douze vingt-deux fois.

Remarquez que un ne multiplie point, quand
il se rencontre dans le multiplieur il n'y a point
autre chose à faire que de mettre le multipliande dans la somme & l'avancer d'une figure comme vous voyez dans l'exemple ci-dessus. De plus
quand vous êtes obligé de multiplier un tout ou
plusieurs avec dés particules, il faut reduire ce
ou ces touts en des particules comme ci-aprés.

$$42^o \ 36^i$$
par 60

Il faut reduire ces touts ; c'est-à-dire, qua-
rante-deux degrez et ces particules 36 minutes,

en les multipliant par la valeur de la fous efpece.
Pour cela fouvenez-vous que je vous ai dit ailleurs que foixante minutes valoient un degré &
foixante fecondes faifoient une minute, ainfi je
multiplie les 42 degrez par 60 minutes, & au
produit j'y ajoûte les 36 minutes puifqu'elles y
font, vient au produit deux mille cinq cens cin-
quante fix, & c'eft fait

$$
\begin{array}{r}
42^{o} \\
60' \\
\hline
2520 \\
36' \\
\hline
2556'
\end{array}
$$

Et s'il y avoit des fecondes aprés les minutes
vous feriez de même ; c'eft-à-dire qu'aprés
avoir réduit les degrez en minutes ou particules
vous multiplierez le produit encor par 60, &
vous y ajoûteriez les fecondes s'il y en avoit,&c.

L'o qu'on appelle zero ne multiplie point,
mais on les met deffous leurs colomnes où ils fe
rencontrent, obfervant ce que j'ai dit ci-devant.

DIVISION.

L A Division est la quatriéme regle de l'A-rithmetique, elle détruit ce que la multi-plication a fait ; c'est-à-dire qu'elle reduit en petit ce que la multiplication a augmenté. Le plus grand nombre qu'on apelle dividende se met le premier , le plus petit qu'on apelle di-viseur dessous, & ce qùi en vient s'apelle pro-duit. Je veux sçavoir en quarante huit com-bien quatre y sont contenus de fois , pour ce j'écris d'abord 48 , & 4 dessous, comme vous voyez à l'exemple suivant.

$$\frac{48}{4}\ (\ 12\ \text{quotient.}$$
$$44$$

Puis je dis en quatre combien de fois quatre ? Il est facile de voir qu'il n'y est qu'une fois , ainsi j'écris un aprés le petit trait à main droite ; je barre le diviseur & le quatre du dividende , puis j'avance mon diviseur quatre dessous le huit du dividande , & je dis en huit combien de fois quatre , il est aussi facile de concevoir qu'il y est deux fois , j'écris donc deux aprés un , je barre les deux chifres , & c'est fait.

Pour peu d'attention que vous aportiez à

cet exemple , vous voyez tout d'un coup que
quatre eſt douze fois dans quarante-huit. Car
multipliez douze du quotient par le diviſeur
quatre , il viendra au produit quarante-huit ,
qui eſt la preuve.

AUTRE EXEMPLE.

Je veux diviſer neuf cents ſoixante par ſoixante , je couche mes ſommes comme il ſuit ,
toûjours la plus groſſe deſſus , & la plus petite
deſſous , comme à la ſouſtraction & la multiplication , & je tire un trait de plume entre les
deux ſommes , & un autre en croix , vers la main
droite ; puis je dis en neuf combien de fois ſix,
il y eſt une , je poſe un à côté du trait , & j'ôte
ſix de neuf , reſte trois , que j'écris deſſus , &

$$\frac{\cancel{9}\cancel{6}\cancel{0}}{\cancel{6}\cancel{0}\cancel{0}}\quad (\ 16\ \text{quotient.}$$

je barre ſix & neuf , puis une fois zero ,
c'eſt-à-dire , qu'il ne diviſe point , ainſi je
le barre auſſi , & j'avance mon diviſeur d'une
figure , comme vous voyez , & je dis , en trente-
ſix combien de fois ſix ? il y eſt ſix , que j'é-
cris à côté de un , ſont ſeize , & je barre toutes
les figures , parceque tout eſt fait , les zero ne
diviſent point , il me vient donc ſeize au quotient : ainſi des autres exemples.

Il faut obferver ici que quand il fe prefente des touts avec des particules, qu'il faut reduire ces touts en leurs particules, comme j'ai montré dans la multiplication, & divifer leurs fommes à l'ordinaire. Quand il refte quelque chofe aprés la divifion faite il faut l'écrire aprés le quotient, & mettre le divifeur deffous ; puis prendre la moitié ou le tiers, &c. de l'un & de l'autre, jufqu'à ce que vous veniez au nombre quinze ou plus bas du divifeur, & vous aurez fait.

EXEMPLE.

$$\begin{array}{l} 4x \\ 2248 (37 | 28 | 14 | 7 \\ \overline{600} \overline{160 | 30 | 15} \\ 6 \end{array}$$ qui font fept quinziémesque vous trouverez dans les Tables de la Platteforme.

S'il fe trouvoit au dividende & divifeur tous zero aprés les premiers chiffres, il n'y auroit autre chofe à faire, qu'un trait de plume, pour les feparer de leurs figures ou chiffres, pour prendre la moitié ou le tiers, &c. de l'un & de l'autre comme j'ai dit ci-deffus.

REGLE DE TROIS SIMPLE.

EN cette regle font requis trois nombres connus pour pouvoir trouver le quatriéme inconnu : c'eft ce qu'on apelle regle de trois fimple

B iv

Pour donc faire cette regle, il convient bien ordonner ces trois nombres connus : car il y a même proportion du premier au second, comme du troisiéme au quatriéme ; c'est-à-dire que si vous mettez des degrez au premier terme, il faut mettre aussi des degrez au troisiéme, pour lequel on fait la question. Si vous mettez des parties ou particules de diamettre au second terme, il viendra des parties ou particules au quatriéme. Ce que vous allez voir par les exemples ci-aprés.

Ayant divisé un cercle en soixante parties égalles, que j'apelle degrez, ou suposé l'être, & son diamettre en huit parties majeures égales, ou en cent vingt particules aussi égales, & que je veuille un autre cercle pour être divisé en quatre-vingt dix, avec la même ouverture de compas, je dis ainsi :

$$\text{Si } 60^{o}\text{---}8'\text{---}90^{o} \text{ ?}$$

Si un Cercle divisé en soixante parties, a son diamettre divisé en huit, combien de parties aura celuy qui sera divisé en quatre-vingt dix ? Ou plûtôt vous direz simplement : Si soixante donne huit de diametre, combien en donneront quatre-vingt dix ? Portez le deüxiéme nombre 8 dessous le troisiéme 90, & les multipliez, vous aurez 720 au produit, que vous diviserez par le premier nombre 60, il viendra au quotient douze ; c'est-à-dire douze des mêmes parties dont le diametre du Cercle de 60 eſt divisé.

Quand il ſe trouvera des touts ou parties majeures avec des particules en quelqu'un des trois
nombres de la queſtion, il faut reduire ce ou.
ces touts en ces particules, comme j'ai enſeigné
à la multiplication, & faire la queſtion comme
deſſus.

AUTRE EXEMPLE.

Cet Exemple ſervira de preuve à la queſtion
ci-deſſus ; & je dis puiſque huit parties de diametre donnent 60 de circonference, combien
en donneront douze ? poſez la regle comme
ci-deſſous, multipliez & diviſez il viendra au
produit 90, ce qui prouve ce que j'ai avancé.

$$\text{Si } 8\text{----}60\text{----}12$$

$$
\begin{array}{r}
12 \\
\hline
120 \\
60 \\
\hline
720 \\
\hline
\end{array}
$$

Voilà ce qui regarde les parties majeures.
Voyons maintenant par les particules.

Souvenez-vous que j'ai donné l'explication
de ces particules ou minutes ci-deſſus, pour ne
les pas repeter tant de fois.

EXEMPLE.

Si 60 de circonference me donnent 120 de
diametre, combien me donneront 90 ? c'eſt-à-
dire de circonference, puiſque le premier nom-

bre marque circonference, le quatriéme nombre que nous cherchons fera des particules,
puifque le fecond nombre de la queftion porte
des particules; dites donc:

$$Si \ 60^o ---120' ---90^o \ ?$$
$$90$$
$$10800$$

Multipliez & divifez, il viendra au quotient
180 minutes; c'eft-à-dire que le cercle de 90
degrez aura pour fon diametre 180 minutes,
dont le diametre du Cercle de 60 eft divisé.

$$\frac{40}{\frac{10800}{\frac{6000}{66}}} \ (\ 180'$$

AUTRE EXEMPLE.

Cet autre exemple fervira encore de preuve
à cette derniere queftion.

$$Si \ 120' ---60---180'$$

Multipliez & divifez, vous trouverez qu'il
viendra au quotient 90 degrez pour un diametre de 180', ainfi de tous les autres.

Fin de l'abregé d'Arithmetique.

II. PARTIE.

ABREGE' DE GEOMETRIE.

AYANT parlé de lignes, diametres, de cercles, &c. dans plusieurs endroits de mon Abregé d'Arithmetique. Je crois être obligé d'expliquer ce que c'est, & de montrer à faire ces choses pour l'intelligence des Commençans. Les choses dont on a jamais entendu parler sans explication font de la peine & rebutent souvent les esprits. Pour les en éclaircir, je dis donc que, une ligne droite est une rêle faite le long d'une regle avec une plume, ou crayon, ou une pointe ou autres, soit sur le papier ou cuivre, &c. comme celle-ci A B.

A ————————— B

Ligne d'équairre ou perpendiculaire est comme A B C D. Ayant fait la ligne droite comme ci-dessus, vous posez une pointe du Compas sur une des extremitez de la ligne, comme en A, & le compas ouvert plus que la moité de la

ligne , vous formez deux arcs deſſus & deſſous
ladite ligne , puis portez ladite pointe de compas (gardant la même ouverture) ſur l'autre extremité B. Et faite encore deux autres arcs, qui
couperont les premiers aux points C D , couchez vôtre regle ſur ces deux points C D , &
tirez une rele, ou ligne , cette ligne ſera d'é-
quairre à l'autre A B. Voyez la Figure qui
ſuit.

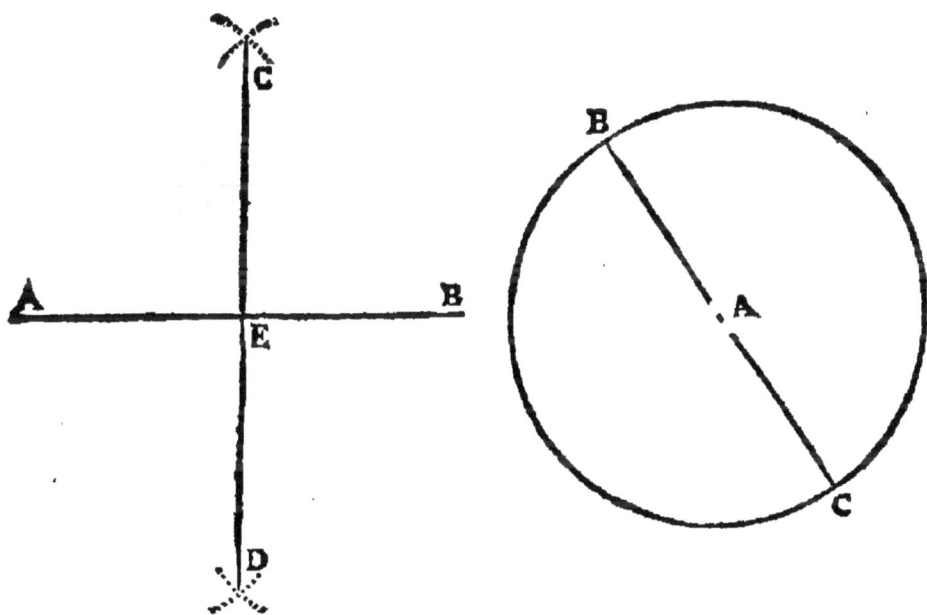

Non-ſeulement vous aurez une ligne d'é-
quairre ou perpendiculaire ſur un autre ; mais
cette ligne AB ſera coupée juſtement par la moitié au point E , & en même tems vous connoiſ-
ſez ce que c'eſt que des arcs de Cercle : car un
arc de Cercle eſt une partie plus ou moins grande d'un cercle. Comme ſi vous continuez ces

arcs tout à fait , vous formeriez des Cercles
comme est celui de la figure B C , & l'endroit
où vous avez posé la pointe du compas pour
former ce Cercle avec l'autre pointe dudit
Compas, est dit être le centre dudit Cercle. A.

Si vous tirez une ligne d'un point donné sur
ce Cercle, passant par exemple de B par A ,
jusqu'au point C , cette ligne coupera ou di-
visera justement en deux parties égales le Cercle B C , ce qu'on apelle diametre de cercle ;
& demi-diamettre est depuis le centre A jusqu'à un des points B , ou C , qui sont sur le bord
dudit Cercle , qu'on appelle aussi periferie , ou
circonference. Si vous voulez diviser le Cercle
en quatre parties égales , faites comme vous
avez fait à le ligne A B , dont je vient de parler
pour faire la ligne perpendiculaire, ou d'équaire
qui est une même chose, passante par le centre A

Angle est la rencontre de deux lignes. Il
y en a de deux sortes , savoir angle rectiligne &
angle curviligne , ou spherique. De ces deux
sortes d'angles il s'enforme trois autres , qui
font angle droit , angle obtus & angle aigu.

L'angle droit est celui qui divise le demi-
Cercle justement en deux parties égales , comme F A C , ou B. l'angle obtus est plus ouvert
que l'angle droit , comme celui D A B , & l'angle aigu est plus fermé que l'un & l'autre des
deux premiers , comme est D A C , & ces an-

gles font mefurez par les arcs de Cercles plus
ou moins grands , comme je dirai ci-prés.

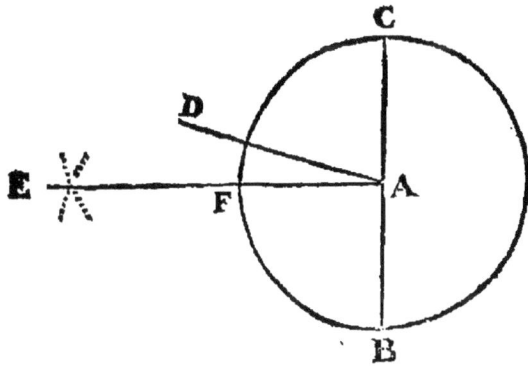

Lignes paralelles, ce font deux lignes , ou
plufieurs lignes également éloignées l'une de
l'autre dans toutes leurs parties , comme font
fupofez ces deux A D , C B, & pour les faire
paralelles, aprés avoir tiré la premiere , comme A D , vous prenez la diftance qui vous eft
neceffaire , & vous la portez des points A D ,
en C, & D, où vous tracez deux petits arcs de
Cercles , fur le dos defquels arcs vous tirez
une autre ligne par le moyen d'une regle, que
vous pofez prefque deffus cet arc , par ce moyen
vous aurez deux lignes paralelles entr'elles.

Angle mixte eft formé par une ligne droite
& une courbe, ou arc de Cercle, comme eft
celui P Q R. Je dis ceci en paffant feulement
pour prevenir le genie du jeune Ouvrier ; parce

que il y a un declicq qu'on appelle Rateau dans l'Horloge à repetition, qui est fait d'un angle mixte, & dont je donnerai l'explication dans son Traité, que j'espere mettre au jour avec le tems & l'aide du Seigneur.

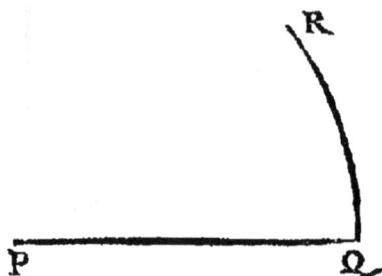

Cercles concentriques, sont deux ou plusieurs cercles faits du même centre O.

Les Cercles se trouvent dans toutes les roües dentelées des Horloges; ce que vous connoîtrez dans la fabrique desdites roües.

Cercles excentriques, sont deux ou plusieurs Cercles faits de differens centres, comme ci-aprés. Le Cercle 1, 4 & 2 est fait du centre A, & le Cercle 1, 3 & 2 est fait du centre B.

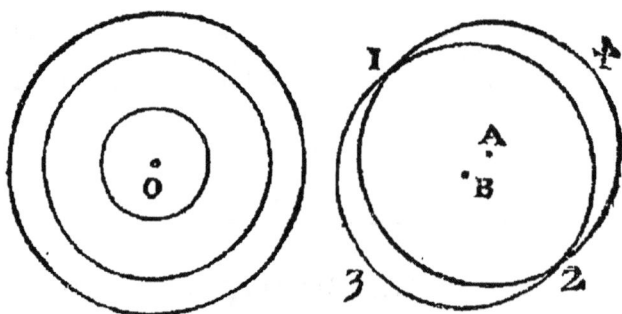

Ligne spiralle est faite comme il suit. Tirez une ligne àvolonté, comme Y, Z, en un point,

comme en G. Faites le demi-Cercle H O , puis
ouvrez vôtre compas de son diametre O H,
& du point O faites le demi-Cercle H 2 & K,
enfin ouvrez le Compas de la longueur de son
diametre H K , & du point H faites le demi-
Cercle K 3 L , & continuez si vous voulez.
Le ressort d'acier qui est dans le tambour ou
barillet d'une Montre represente cette ligne.

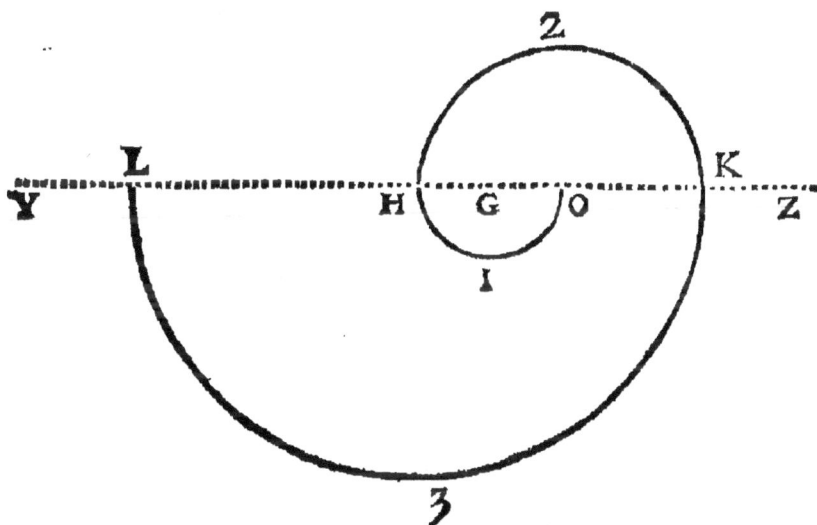

Lequarré est une Figure qui a les quatre côtes
égaux, comme est celui-ci 1. 2. 3. 4. & se forme ainsi : Tirez une ligne Z,3, sur laquelle faites une ligne perpendiculaire au point 4, par
exemple comme vous avez fait ci-devant, ou
comme il est ici. Du point 4 formez le demi-
Cercle Z,1,3 ; gardez cette ouverture de Compas sur Z pour faire un petit arc, qui coupera vôtre demi-Cercle au point Y, puis portez
vôtre Compas au point 3, pour faire un autre
arc

arc qui coupera encore le demi-Cercle fait au
point X, de ces deux points Y & X faites deux
autres arcs qui se couperont au point II, Couchez vôtre regle sur ces deux points II & 4 pour
tirer la ligne II, 4, cette ligne sera perpendiculaire ou d'équaire sur celle de Z & 3 si vous
voulez vôtre quarré de la longueur de la ligne 4, 1, ou 4, 3 qui est la même chose ;
ainsi vous avez déja deux côtez de vôtre quarré. Pour former les deux autres portez la
pointe ou pied du compas toûjours ouvert
comme auparavant sur le point 1, où passe la
perpendiculaire II, 4, & de l'autre faites l'arc
2, & du point 3 faites-en un autre qui coupera
le premier au point deux, sur lequel & le point
3, couchez vôtre regle, vous tirerez une ligne
qui sera le troisiéme côté. Enfin posez vôtre
regle sur les points 1 & 2, pour tirer la ligne
1, 2 ce sera le quatriéme côté de vôtre quarré fait de la même ouverture de compas.
L'ouvrier est souvent obligé de faire cette figure au centre des Roües ou ailleurs, c'est
pour cela que je donne la maniere de les faire
justes.

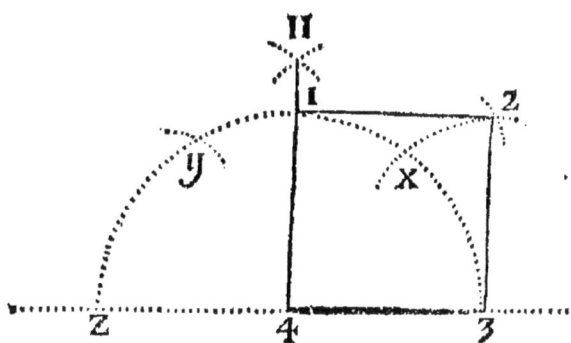

Comme l'Ouvrier est aussi souvent obligé
de faire des triangles équilateraux ; c'est-à-dire
des triangles qui ayent les trois côtez égaux,
j'en donne la maniere. Pour ce , supposé que
vous le vouliez de la grandeur B C , prenez
cette grandeur avec le compas, & de cette ouverture faites un arc vers le point A du point
C , & un autre arc du point B , où ces deux
arcs se couperont, tirez une ligne au point C
& B , & vôtre triangle sera fait. Ce triangle se
fait dans quelques petites ou majeures Roües
pour leur conserver une certaine capacité vers
le centre, pour pouvoir y faire un trou rond ou
quarré pour l'arbre que vous y devez placer.
Ainsi quand vous voudrez en faire un dans la
Roüe , faites comme il suit.

Je supose que le Cercle A B C soit une des
Roües , aprés lui avoir donné une certaine largeur pour y placer les dents, & une fois ou deux
de plus. Je fais un second Cercle comme celui qui
est ponctué , je le divise en six parties égales, en

portant le compas ainsi ouvert que j'ai fait le
Cercle, six fois. Pour y faire ce triangle dont
j'ai parlé, tirez une ligne d'un point à l'autre, en
laissant un entre-deux, comme vous voyez en la
presente Figure, ménageant cependant un peu
de largeur à ces extremitez contre le Cercle,
puis on vide le reste ; de sorte qu'il n'y a que
le triangle qui reste plein avec sa rouë, ce qui
rend la rouë plus legere que si elle étoit toute
pleine.

Remarquez que j'ai ci-dessus dit que plusieurs
Cercles faits du même centre sont dit concentriques ; ainsi ces deux de la Figure A B C sont
concentriques, laissant entre les deux une largeur ou espace qu'on peut apeler periferies ou
circonferences larges,& cela pour l'intelligence
des jeunes Ouvriers pour lesquels seuls je donne ces traités, me reservant à un autre occasion
à en donner un plus étendu & plus curieux de
beaucoup que ceux-ci.

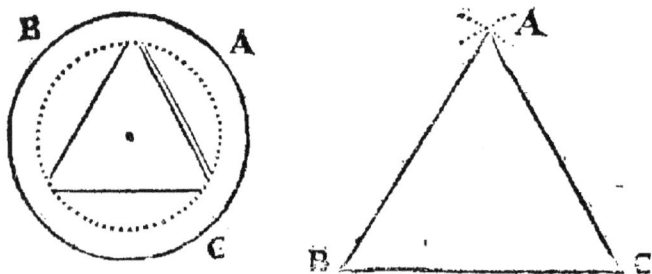

J'ai donné la maniere de diviser un Cercle
en six parties égales ; je viens maintenant à
montrer celle à le diviser en huit, 16, 32, &c.

Tirez premierement le premier diametre 3 , 4,
puis des points 3 &4, le Compas étant ouvert de
leur distance, faites les arcs vers 1, de leurs points
de section tirez le deuxiéme 1 , 2 , passant par le
centre, le Cercle sera divisé en quatre parties
égales. Si vous voulez le diviser en huit, ouvrez
vôtre Compas plus que de la moitié d'une des
quatriéme parties, & posez un pied dudit Compas sur le point où un des diametres coupe la
periferie du Cercle comme au point 4 , & de
l'autre faites un arc , ensuite gardant cette ouverture de Compas , portez une des pointes sur
le point secant 1 , & faites encore un autre
arc qui coupe le premier : De ce point inter-
secant tirez un autre diamettre , & faites ainsi
de l'autre côté , vous aurez un Cercle divisé
en huit parties égales. Si vous voulez le diviser maintenant en seize ouvrez le compas plus
que la moitié d'un de ces derniers arcs , & faites
comme dessus , afin que par leurs points inter-
secants vous tiriez d'autres diametres , & vôtre
cercle ou roue sera divisé en 16 parties égales.

Si vous le voulez diviser en trente-deux parties égales , il seroit plus court pour vous de
prendre la moitié de ces derniers arcs avec le
compas sur le cercle , que de continuer à faire
ces petits arcs ; & puis que vous sçavez que le
cercle est divisé en seize , il est facile de conce-
cevoir qu'en divisant une des seize parties , c'est

plûtôt l'ajoûter au nombre de seize ; ainsi ajoû-
tez 16 à 16 font 32, divisant encor ce dernier
vous aurez un cercle divisé en 64 parties, ainsi
de suite. Si vous voulez tripler ce nombre 16
vous ferez 48. Si quadrupler vous ferez 64, &c.

Je m'explique pour mieux me faire entendre
aux jeunes Ouvriers qui n'ont ni theorie ni
pratique.

Ce que je dis ici du cercle ou roüe que j'ai
d'abord divisé en quatre parties égales, se doit
entendre dans toutes les autres divisions du
cercle. Par exemple celuy ABC ci-dessus que
j'ai divisé en six, si je divise chaque partie du
même cercle en trois autres parties, celle qui
ne faisoit qu'une sixiéme partie de mon cercle
en fait maintenant trois, par consequent multipliant six par trois font dixhuit. Si vous divi-
siez encore cette sixiéme partie en quatre, tout
le cercle se trouveroit divisé en vingt-quatre
parties ; ainsi des autres.

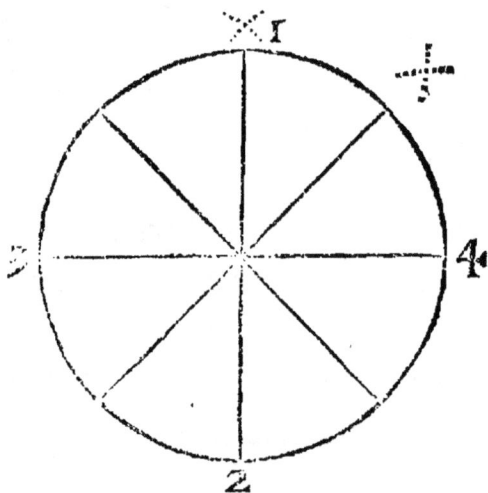

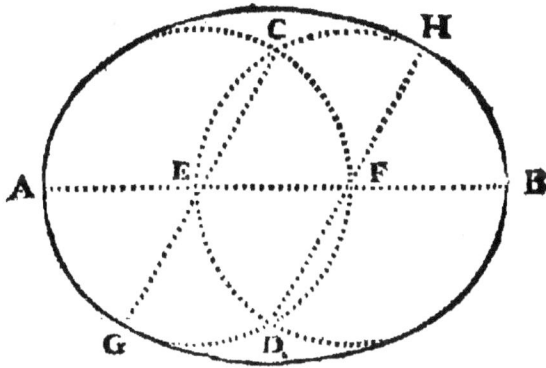

Pour faire un Oval d'une longueur donnée suposé que cette longueur donnée soit
AB, divisez cette longueur AB en trois AEF,
du point E faites un cercle qui passe par les
points A C F G , gardant cette ouverture de
compas ; faites un deuxiéme cercle qui passera
par les points B D E H ; ces deux cercles se
couperont aux points C & D , puis couchez vôtre regle sur les deux points d'intersection D F
& CE, par lesquels vous tirerez des diametres
qui couperont les deux cercles aux points G &
H ; cela fait posez un pied du compas au point
D , & l'autre sur H, pour tracer un flanc de
l'oval , faites-en autant aux points C, G , les
deux flancs seront tracez ; ainsi l'Oval sera d'u-
ne longueur donnée.

J'ai dit plusieurs fois que je pourois mettre
au jour un traité plus complet que celui-ci ,
dans lequel j'espere montrer la maniere de
trouver les deux diametres de l'Oval, & diviser
sa circonference en tant de parties que l'on

voudra par une feule ouverture de compas, &
en attendant ce tems je fais voir dans mon
traité de la Platteforme ci-aprés mis la maniere de trouver le diametre d'un cercle , pour
être divisé aufli d'une feule ouverture de compas en parties égales : Je dis ceci en pafant
pour les curieux aux fciences des Mathematiques.

L'Ozange eft fait ainfi qu'il fuit. Tirez les
deux lignes A B,C D d'équaire, qui fe couperont au point P centre de la figure ; de ce
point P. portez la demie longueur que vous
la voulez faire en C & D ; du même point P

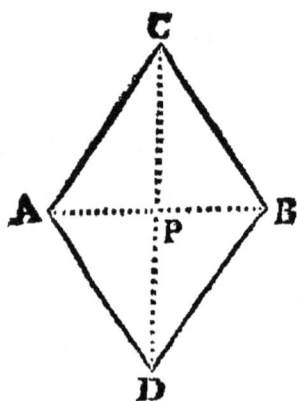

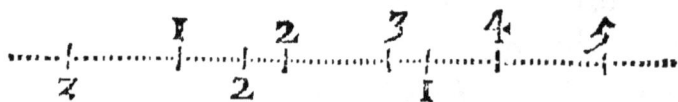

portez la demie largeur fur les points A & B,
tirez des lignes paralelles entr'elles, comme CB
AD, AC, DB, & vous aurez fait. Les Geome-
res apellent cette figure Lozange ou Rhombe.

La maniére ordinaire dont se servent les Horlogeurs
pour faire les Lanternes propres pour
engrener dans leurs Roües.

Beaucoup ne sçavent pas de Geometrie ; mais
ils sçavent pour avoir entendu dire, ou par l'ex-
perience que le diametre d'un cercle est la troisiéme partie dudit cercle, aussi se servent-ils de
cette regle d'Archimede pour faire leurs Lanternes qu'ils veulent faire engrener dans sa
Roüe. Pour ce faire ils prennent la distance d'u-
ne dent de la Roue à l'autre dent, en laissant
une entre deux ; puis ils portent cette distance
sur une ligne , comme vous voyez ci dessus.

Par exemple si ils veulent une Lanterne ou
Pignon qui ait cinq aîlerons ou barreaux , ils la
portent cinq fois, comme il y est marqué par
des chiffres , puis ils divisent toute cette ligne
en trois parties égales, une de ces trois parties
& un peu plus est le diametre d'un cercle qu'ils
tracent (qui est la grosseur de leur Lanterne,)
qu'ils divisent en cinq parties égales, ou portent
dessus les cinq mêmes parties qu'ils ont déja posé sur la premiere ligne , ainsi ils forent ou per-
cent ces trous pour y placer & river les barreaux quand c'en sont , & quand c'est une Lanterne plaine ou a aîlerons s'en est l'extrémité
ou grosseur.

Un peu d'usage dans le travail vous fera
connoître ce que je ne peux vous dire sans être
trop ennuyeux.

TROISIE'ME PARTIE.

Construction de la Platteforme.

LA Platteforme dont les Horlogeurs se servent pour diviser leurs Roües, est une plaque ordinairement de cuivre, de figure ronde, à laquelle on conserve une queuë pour la pouvoir p.endre à quelque endroit plûtôt que de la laisser sur son plat sur une table, de crainte que trouvant une pointe elle ne luy fasse des rêles qui gâteroient sa propreté, qu'on doit garder dans tous les instrumens & dans tout ce que l'on fait.

Aprés que vous aurez bien poli & uni cette plaque, choisissez le milieu pour son centre, ou vous ferez un point assez fin, pour de ce point ou centre en tracer les cercles que vous avez à tracer sur la plaque. Cela fait vous tirerez un demidiametre, qui sera le demidiametre de tous les Cercles ; souvenez-vous que j'ai montré dans mon abregé de Geometrie ce que c'est qu'un diametre, que c'est une ligne tirée d'un point pris sur la periferie ou circonference du cercle, passant par le centre, & qui se finit à un autre point fur ce même cercle.

Ordinairement les Ouvriers qui font ces Plattes formes divifent la moitié de ce diametre en plufieurs parties, pour y faire paffer les cercles qu'ils veulent divifer, & les divifent l'un en 60, 64, 72, enfin en ce qu'ils veulent, & cela en tatonnant, ce qu'on apelle ne fçachant point de regle de Geometrie. Mais cette maniere eft toute des plus ennuieufes, fur tout quand on a un certain nombre à trouver, comme 17, 19, 29, &c. D'ailleurs la plûpart mettent les nombres pairs avec les impairs, ce qui me paroît un peu embroüillé & long à faire.

Je peux me flâter que la maniere que je donne ici pour faire cette Plate-forme eft beaucoup plus expeditive & inconnuë jufqu'aujourd'hui, puifque ayant la divifion d'un feul Cercle, j'ai celle de tous les autres, tant des nombres pairs que des nombres impairs par une feule ouverture de compas.

EXEMPLE.

Ayez un Compas à l'ordinaire à pointes d'acier, & un autre auffi à pointes d'acier, mais qu'il ait un quart ou portion de cercle qui paffe au travers d'une de fes branches, dont un bout de cette partie de cercle fera fixé

à l'autre branche, à telle ouverture que vous
lui donnerez, vous l'arrêtez par le moyen d'u-
ne viſſe que vous ſerrerez, ainſi il n'ouvrira que
quand vous le voudrez abſolument ; & une
bonne regle ; puis vous tirerez une ligne
en particulier ſur vôtre regle, ſi elle eſt de
cuivre, & cela pour conſerver la propreté de
vôtre Plaque ; ſur cette ligne tirée, portez-y
la longueur du demi-diamettre du cercle, (je
l'apelle plaque juſqu'à ce que j'aye tracé & diviſé tous les Cercles, pour lors ce ſera une
Plate-forme.) Ayant donc porté ſur cette ligne la longueur du demi-diamettre, comme j'ai
dit, diviſez-le en quatre parties majeures é-
galles, bien juſtes, que vous pourrez porter
ſur le demi-diametre de vôtre Plaque quand
vous voudrez, & toutes les autres diviſions
que vous ferez ſur la ligne faite en particulier.

Ayant diviſé vôtre ligne ou demi-diametre,
puiſqu'elle le repreſente, en quatre parties é-
gales, comme je viens de dire. Le premier point
des quatre, vers le centre, ſera pour tracer le
Cercle qui doit être diviſé en quinze parties
majeures. Le ſecond ſera pour celui de trente.
Le troiſiéme pour quarante-cinq. Le quatriéme
me pour ſoixante, & ainſi des autres de ſuite,
ſi vous voulez les augmenter au deſſus.

Diviſez donc celui qui eſt pour ſoixante

(en tatonnant , ce qu'on appelle ,) c'eſt à
dire portant les pointes du compas à pointes
dormantes autant de fois que vous trouviez ces
ſoixantes parties égales.

Ces choſes faites , gardez bien cette ouverture de compas ; car elle doit ſervir pour diviſer tous les autres Cercles que vous aurez à
diviſer ſur cette Plaque.

Revenez maintenant à vôtre premiere ligne , & diviſez la quatriéme partie en quinze
autres parties égales , que j'appellerai d'or-
enavant particulles , pour les diſtinguer des
autres : Si vous ne le pouvez pas , parce que
l'eſpace ſera trop petite , au moins diviſez-la
en cinq , faiſant valoir chaque partie trois ,
ainſi vous aurez quinze ; car trois fois cinq &
cinq fois trois ſont quinze.

Pour vous faciliter la diviſion du Cercle
ſoixante en tatonnant , prenez avec vôtre
Compas ſix des quinze particules du demi-diamettre , portez cette ouverture de compas ſur
le Cercle , & vous le diviſerez en ſoixante parties majeures égales , non-ſeulement ce Cercle de ſoixante , mais encore tous les autres
que vous voudrez ſur cette Plaque du plus ou
du moins de ſoixante , puiſque cette ouverture de compas eſt pour tous : De ſorte que
le Cercle de ſoixante parties majeures aura
trois cens ſoixante particules de ſon diametre,

puisque six fois soixante font trois cent soixante ; celui de trente parties majeures aura en sa circonference cent quatre-vingt particules, &c. Donc tous les Cerles auront en leur particulier une proportion de leur diametre à leur circonference, comme 1 à 2, ou comme 120 à 360.

Le tout étant bien executé comme il est ordonné, le reste sera facile à faire, puisque vous avez l'ouverture de vôtre Compas â pied dormant qui a divisé le cerle de 60.

Maintenant si vous en voulez un autre qui soit divisé en cinquante-huit, vous ferez ce raisonnement de la regle de Trois simple, dont j'ai donné quelques exemples dans mon abregé d'Arithmetique, en disant : Si 60 de circonference me donnent huit parties majeures de diametre, combien me donneront 58 ? c'est-à-dire de circonference, il viendra au produit 7 des parties majeures, & 11 des quinze particules pour le diametre du Cercle que vous voulez diviser en 58.

Pour preuve de ce que je viens faire, je dis, si 8 de diametre me donnent 60 de circonference, que me donneront 7 & 11 quinziémes ? la regle faite il viendra au produit 58.

De plus, je veux avoir un Cercle qui soit divisé en 62 parties égales. Faites toûjours le même raisonnement, en disant : Si 60 de circonference me donnent 8 de diametre, combien me donneront 62 ? la regle faite il viendra au produit 8 des parties majeures & quatre des quinze particules pour le diametre du Cercle 62 ; ainsi prenez avec le compas ordinaire la moitié de ces nombres qui font le demi-diametre , & formez-en un Cercle, puis avec l'autre compas à pointes dormantes vous le diviserez en 62 parties égales ; ainsi des autres Cercles tant au dessus de 60 qu'au dessous.

Remarquez que je vous ai fait diviser le demidiametre seulement en quatre parties principalles, que j'apelle majeures, & l'une d'icelle en quinze autres parties, que j'apelle particules, comme j'ai déja dit. Remarquez dis-je que l'autre demi-diametre doit avoir le même nombre de division ; ainsi tout le diametre de ce Cercle 60 doit être sous entendu divisé en 8 parties majeures & en 120 particules. Et quand le Cercle de 60 est une fois divisé juste, cette même ouverture de compas peut servir à diviser tous les autres Cercles, ce que j'ai déja dit aussi plusieurs fois.

Remarquez encore que quand vous diminuërez le Cercle de deux parties majeures, ce diametre diminuëra de quatre particules, & quand vous l'augmenterez de deux , le

diametre augmentera de quatre de ses particules ; par-consequent le demi-diametre de la
moitié, tant au dessus qu'au dessous de 60 pour
les nombres pairs, mais seulement de deux
pour le diametre, & d'une pour le demi aux
nombres pairs. Ce que vous verrez facilement dans les Tables qui suivent aprés l'usage de cette Platte-forme.

Usage de la Platte-forme.

POUR pouvoir vous servir de la Platte-
Forme, il faut mettre le centre de la
Roüe, ou Cercle que vous voulez diviser
aprés qu'elle sera tournée sur le tour (afin
qu'elle soit bien ronde sur le centre de la
Platte-forme) & l'y faire tenir par un écrou
qui doit passer au travers des deux centres,
puis avec un compas à pointes dormantes posez une désdites pointes sur une des divisions
du Cercle, & ouvrir vôtre compas, ensorte
que l'autre pointe donne sur le bord de ladite Roüe, ou Cercle ; arrêtez cette ouverture, & portez ainsi le compas de point en
point jusqu'au dernier, & vous aurez une
Roüe aussi exactement divisée que le sera le
Cercle de la platte-forme dont vous vous ser-
vez, ainsi de toutes celles que vous voudriez
diviser. Il y a encore d'autres manieres, mais
qui ne sont pas si sûres ni si exactes.

Explication des deux Tables qui suivent.

CEs deux Tables font divifées en trois colomnes, la premiere à main gauche, lettre A, eft pour la divifion de la circonference du Cercle, ou parties majeures. Par exemple le nombre quatorze montre le Cercle qu'on veut divifer en 14.

La feconde lettre B, montre ces parties majeures. C, les quinziémes des particules, tant des nombres pairs qu'impairs.

Autre exemple. Quand vous voulez un Cercle divifé en quinze, 30, 45, ou 60, &c. la colomne A montre ces Cercles ; la colomne B, montre les parties majeures de leurs diametres, où il fe rencontre toûjours un o.

Mais fi vous voulez un Cercle divifé, par exemple en 37, 58, 98, 105, &c. vous chercherez ces nombres dans la colomne A, & vous trouverez de fuite les parties majeures dans la colomne B, & les particules dans celle de C, ainfi 37 qui eft un nombre impair. Voyez la colomne B, vous trouverez 4 pour parties majeures, & parce que le Cercle 37 eft plus grand que celui de 30, par conféquent fon diametre auffi. Pour cela vous voyez dans la colomne C $\frac{14}{15}$, qui veulent dire qu'il faut ajoûter ces quatorze quinziémes

ziémes particules aux quatre majeures, ainſi
le diamettre d'une Roüe de 37 ſera 4 $\frac{14}{15}$.

Prenez donc ces parties avec vôtre compas
ſur vôtre échelle, & formez un Cercle dont
la circonference paſſera ſur les points de ce
diametre, & portant le Compas à pointes dormantes que vous aurez conſervé dans ſon ouverture, vous trouverez qu'il diviſera ce Cercle en 37 parties égales.

Ce ſeul exemple doit ſuffire pour tous les
autres.

Remarquez qu'il ſuffit de mettre ſur la
Platte-forme pour le plus petit Cercle des
nombres pairs celui de 24. Car dans ce nombre vous y trouvez 12, 8, 6, 4, 2, ſi vous
en avez beſoin, & pour les nombres impairs
vous pouvez vous arrêter à celui de 13. car
on ne ſe ſert guere des autres au deſſous.

D

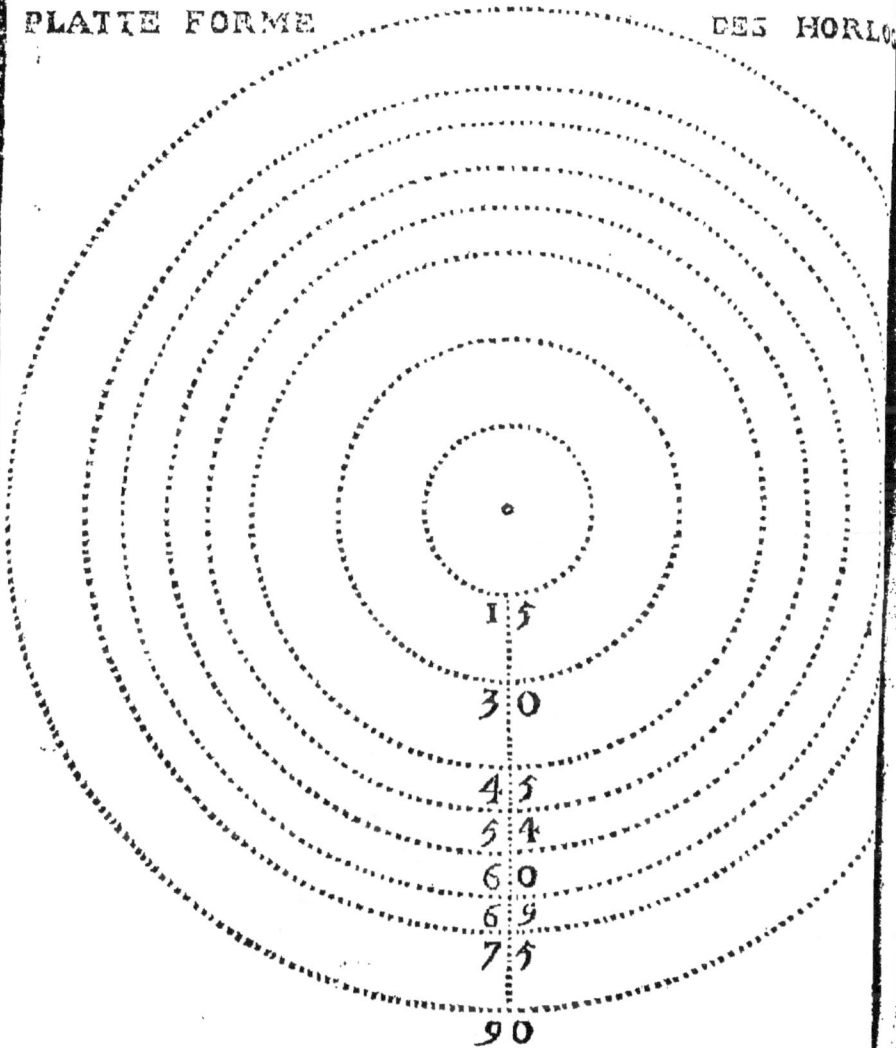

PARTIES ET PARTICVLES DYAMETRALLES

TABLES DES CERCLES,

Et des parties & particules de leurs Diametres pour une Plate forme.

Nombres pairs.

A	B	C	A	B	C	A	B	C
14	1	13/15	48	6	6/15	82	10	14/15
16	2	2/15	50	6	10/15	84	11	3/15
18	2	6/15	52	6	14/15	86	11	7/15
20	2	10/15	54	7	3/15	88	11	11/15
22	2	14/15	56	7	7/15	90	12	0
24	3	3/15	58	7	11/15	92	12	4/15
26	3	7/15	60	8	0	94	12	8/15
28	3	11/15	62	8	4/15	96	12	12/15
30	4	0	64	8	8/15	98	13	1/15
32	4	4/15	66	8	12/15	100	13	5/15
34	4	8/15	68	9	1/15	102	13	9/15
36	4	12/15	70	9	5/15	104	13	13/15
38	5	1/15	72	9	9/15	106	14	2/15
40	5	5/15	74	9	13/15	108	14	6/15
42	5	9/15	76	10	2/15	110	14	10/15
44	5	13/15	78	10	6/15	112	14	14/15
46	6	2/15	80	10	10/15	114	15	3/15

Nombres pairs.

A	B	C	A	B	C	A	B	C
116	15	$\frac{7}{15}$	158	21	$\frac{1}{15}$	200	26	$\frac{10}{15}$
118	15	$\frac{11}{15}$	160	21	$\frac{5}{15}$	202	26	$\frac{14}{15}$
120	16	0	162	21	$\frac{9}{15}$	204	27	$\frac{3}{15}$
122	16	$\frac{4}{15}$	164	21	$\frac{13}{15}$	206	27	$\frac{7}{15}$
124	16	$\frac{8}{15}$	166	22	$\frac{2}{15}$	208	27	$\frac{11}{15}$
126	16	$\frac{12}{15}$	168	22	$\frac{6}{15}$	210	28	0
128	17	$\frac{1}{15}$	170	22	$\frac{10}{15}$	212	28	$\frac{4}{15}$
130	17	$\frac{5}{15}$	172	22	$\frac{14}{15}$	214	28	$\frac{8}{15}$
132	17	$\frac{9}{15}$	174	23	$\frac{3}{15}$	216	28	$\frac{12}{15}$
134	17	$\frac{13}{15}$	176	23	$\frac{7}{15}$	218	29	$\frac{1}{15}$
136	18	$\frac{2}{15}$	178	23	$\frac{11}{15}$	220	29	$\frac{5}{15}$
138	18	$\frac{6}{15}$	180	24	0	222	29	$\frac{9}{15}$
140	18	$\frac{10}{15}$	182	24	$\frac{4}{15}$	224	29	$\frac{13}{15}$
142	18	$\frac{14}{15}$	184	24	$\frac{8}{15}$	226	30	$\frac{2}{15}$
144	19	$\frac{3}{15}$	186	24	$\frac{12}{15}$	228	30	$\frac{6}{15}$
146	19	$\frac{7}{15}$	188	25	$\frac{1}{15}$	230	30	$\frac{10}{15}$
148	19	$\frac{11}{15}$	190	25	$\frac{5}{15}$	232	30	$\frac{14}{15}$
150	20	0	192	25	$\frac{9}{15}$	234	31	$\frac{3}{15}$
152	20	$\frac{4}{15}$	194	25	$\frac{13}{15}$	236	31	$\frac{7}{15}$
154	20	$\frac{8}{15}$	196	26	$\frac{2}{15}$	238	31	$\frac{11}{15}$
156	20	$\frac{12}{15}$	198	26	$\frac{6}{15}$	240	32	0

Nombres pairs.

A	B	C		A	B	C		A	B	C
242	32	$\frac{4}{15}$		260	34	$\frac{10}{15}$		278	37	$\frac{1}{15}$
244	32	$\frac{8}{15}$		262	34	$\frac{14}{15}$		280	37	$\frac{5}{15}$
246	32	$\frac{12}{15}$		264	35	$\frac{3}{15}$		282	37	$\frac{9}{15}$
248	33	$\frac{1}{15}$		266	35	$\frac{7}{15}$		284	37	$\frac{13}{15}$
250	33	$\frac{5}{15}$		268	35	$\frac{11}{15}$		286	38	$\frac{2}{15}$
252	33	$\frac{9}{15}$		270	36	0		288	38	$\frac{6}{15}$
254	33	$\frac{13}{15}$		272	36	$\frac{4}{15}$		290	38	$\frac{10}{15}$
256	34	$\frac{2}{15}$		274	36	$\frac{8}{15}$		292	38	$\frac{14}{15}$
258	34	$\frac{6}{15}$		276	36	$\frac{12}{15}$		294	39	$\frac{3}{15}$

D iij

TABLES DES CERCLES,

Et des parties & particules de leurs Diametres pour une Platte forme.

Nombres impairs.

A	B	C	A	B	C	A	B	C
13	1	$\frac{1}{15}$	49	6	$\frac{8}{15}$	85	11	$\frac{5}{15}$
15	2	0	51	6	$\frac{12}{15}$	87	11	$\frac{9}{15}$
17	2	$\frac{4}{15}$	53	7	$\frac{1}{15}$	89	11	$\frac{13}{15}$
19	2	$\frac{8}{15}$	55	7	$\frac{5}{15}$	91	12	$\frac{2}{15}$
21	2	$\frac{12}{15}$	57	7	$\frac{9}{15}$	93	12	$\frac{6}{15}$
23	3	$\frac{1}{15}$	59	7	$\frac{13}{15}$	95	12	$\frac{10}{15}$
25	3	$\frac{5}{15}$	61	8	$\frac{2}{15}$	97	12	$\frac{14}{15}$
27	3	$\frac{9}{15}$	63	8	$\frac{6}{15}$	99	13	$\frac{3}{15}$
29	3	$\frac{13}{15}$	65	8	$\frac{10}{15}$	101	13	$\frac{7}{15}$
31	4	$\frac{2}{15}$	67	8	$\frac{14}{15}$	103	13	$\frac{11}{15}$
33	4	$\frac{6}{15}$	69	9	$\frac{3}{15}$	105	14	0
35	4	$\frac{10}{15}$	71	9	$\frac{7}{15}$	107	14	$\frac{4}{15}$
37	4	$\frac{14}{15}$	73	9	$\frac{11}{15}$	109	14	$\frac{8}{15}$
39	5	$\frac{3}{15}$	75	10	0	111	14	$\frac{12}{15}$
41	5	$\frac{7}{15}$	77	10	$\frac{4}{15}$	113	15	$\frac{1}{15}$
43	5	$\frac{11}{15}$	79	10	$\frac{8}{15}$	115	15	$\frac{5}{15}$
45	6	0	81	10	$\frac{12}{15}$	117	15	$\frac{9}{15}$
47	6	$\frac{4}{15}$	83	11	$\frac{1}{15}$	119	15	$\frac{13}{15}$

Nombres impairs.

A	B	C	A	B	C	A	B	C
121	16	$\frac{2}{15}$	165	22	0	209	27	$\frac{13}{15}$
123	16	$\frac{6}{15}$	167	22	$\frac{4}{15}$	211	28	$\frac{2}{15}$
125	16	$\frac{10}{15}$	169	22	$\frac{8}{15}$	213	28	$\frac{6}{15}$
127	16	$\frac{14}{15}$	171	22	$\frac{12}{15}$	215	28	$\frac{10}{15}$
129	17	$\frac{3}{15}$	173	23	$\frac{1}{15}$	217	28	$\frac{14}{15}$
131	17	$\frac{7}{15}$	175	23	$\frac{5}{15}$	219	29	$\frac{3}{15}$
133	17	$\frac{11}{15}$	177	23	$\frac{9}{15}$	221	29	$\frac{7}{15}$
135	18	0	179	23	$\frac{13}{15}$	223	29	$\frac{11}{15}$
137	18	$\frac{4}{15}$	181	24	$\frac{2}{15}$	225	30	0
139	18	$\frac{8}{15}$	183	24	$\frac{6}{15}$	227	30	$\frac{4}{15}$
141	18	$\frac{12}{15}$	185	24	$\frac{10}{15}$	229	30	$\frac{8}{15}$
143	19	$\frac{1}{15}$	187	24	$\frac{14}{15}$	231	30	$\frac{12}{15}$
145	19	$\frac{5}{15}$	189	25	$\frac{3}{15}$	233	31	$\frac{1}{15}$
147	19	$\frac{9}{15}$	191	25	$\frac{7}{15}$	235	31	$\frac{5}{15}$
149	19	$\frac{13}{15}$	193	25	$\frac{11}{15}$	237	31	$\frac{9}{15}$
151	20	$\frac{2}{15}$	195	26	0	239	31	$\frac{13}{15}$
153	20	$\frac{6}{15}$	197	26	$\frac{4}{15}$	241	32	$\frac{2}{15}$
155	20	$\frac{10}{15}$	199	26	$\frac{8}{15}$	243	32	$\frac{6}{15}$
157	20	$\frac{14}{15}$	201	26	$\frac{12}{15}$	245	32	$\frac{10}{15}$
159	21	$\frac{3}{15}$	203	27	$\frac{1}{15}$	247	32	$\frac{14}{15}$
161	21	$\frac{7}{15}$	205	27	$\frac{5}{15}$	249	33	$\frac{3}{15}$
163	21	$\frac{11}{15}$	207	27	$\frac{9}{15}$	251	33	$\frac{7}{15}$

Nombres pairs.

A	B	C	A	B	C	A	B	C
253	33	$\frac{1}{15}$	267	35	$\frac{9}{15}$	281	37	$\frac{7}{15}$
255	34	0	269	35	$\frac{13}{15}$	283	37	$\frac{11}{15}$
257	34	$\frac{4}{15}$	271	36	$\frac{2}{15}$	285	38	0
259	34	$\frac{8}{15}$	273	36	$\frac{6}{15}$	287	38	$\frac{4}{15}$
261	34	$\frac{12}{15}$	275	36	$\frac{10}{15}$	289	38	$\frac{8}{15}$
263	35	$\frac{1}{15}$	277	36	$\frac{14}{15}$	291	38	$\frac{12}{15}$
265	35	$\frac{5}{15}$	279	37	$\frac{3}{15}$	293	39	$\frac{1}{15}$

PLANCHES
de la quatriéme Partie.

·8   9   9   8·
10   10

6

3

·6·

7

5

·4·

·8   ·9   9·   8·

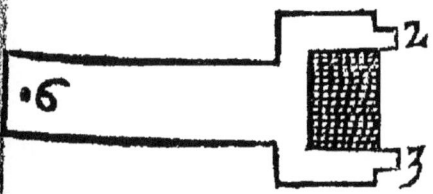

A

B

·6

2

3

PLANCHE II.

Plaque superieure.

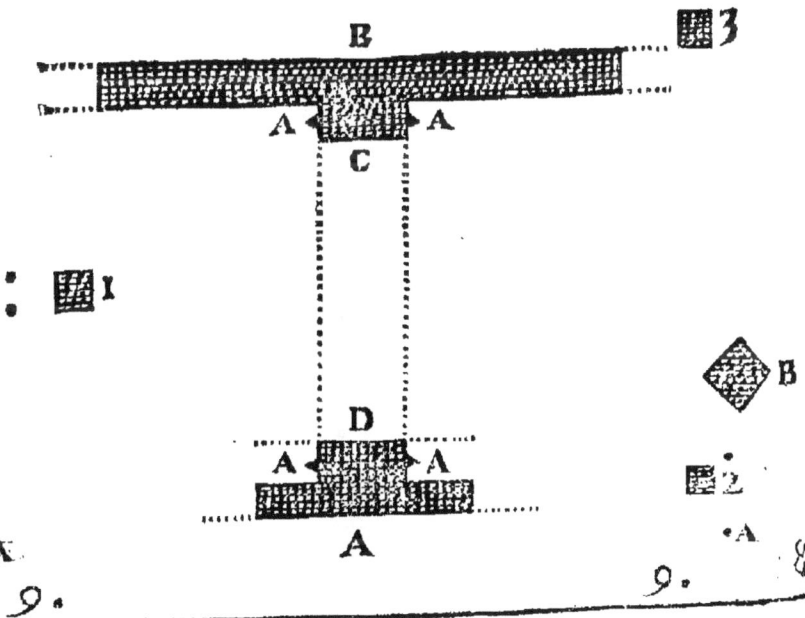

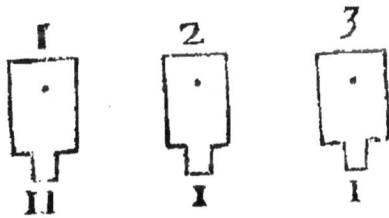

Plaque du fonds de la Cage.

I

2   **3**

4

5

 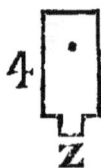 

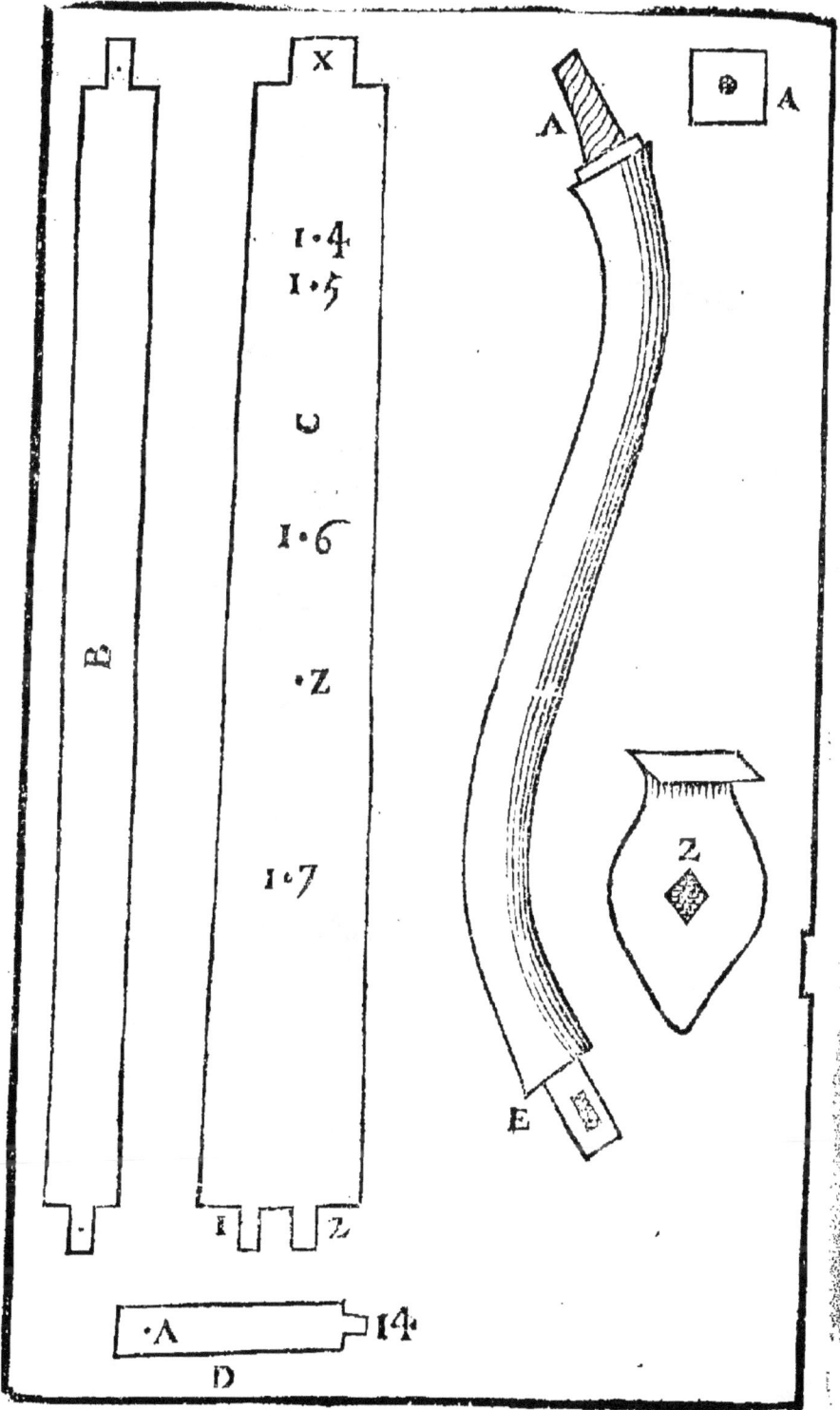

PLANCHE IV.

X

A

A

1·4
1·5

C

1·6

·Z

B

1·7

2

E

·A   14

D

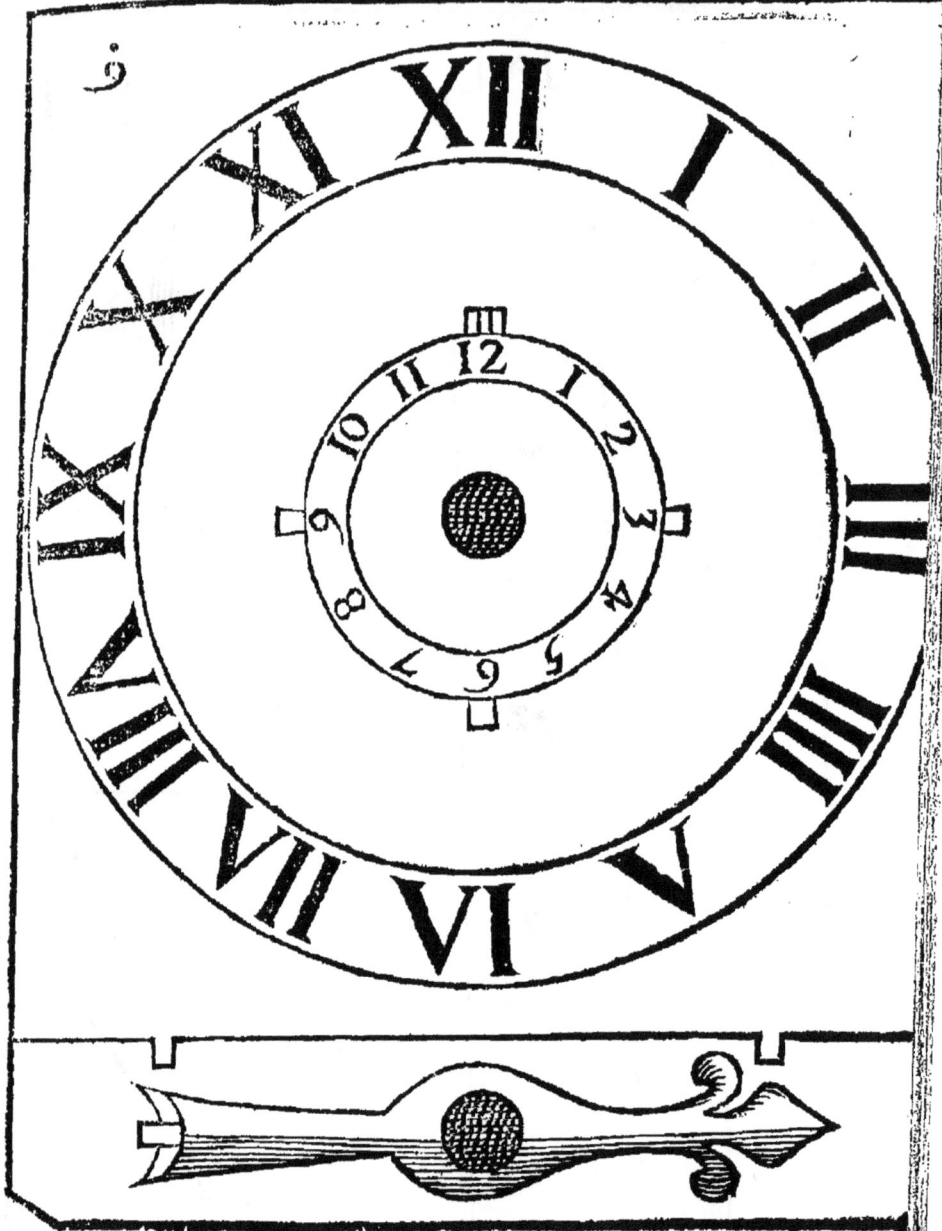

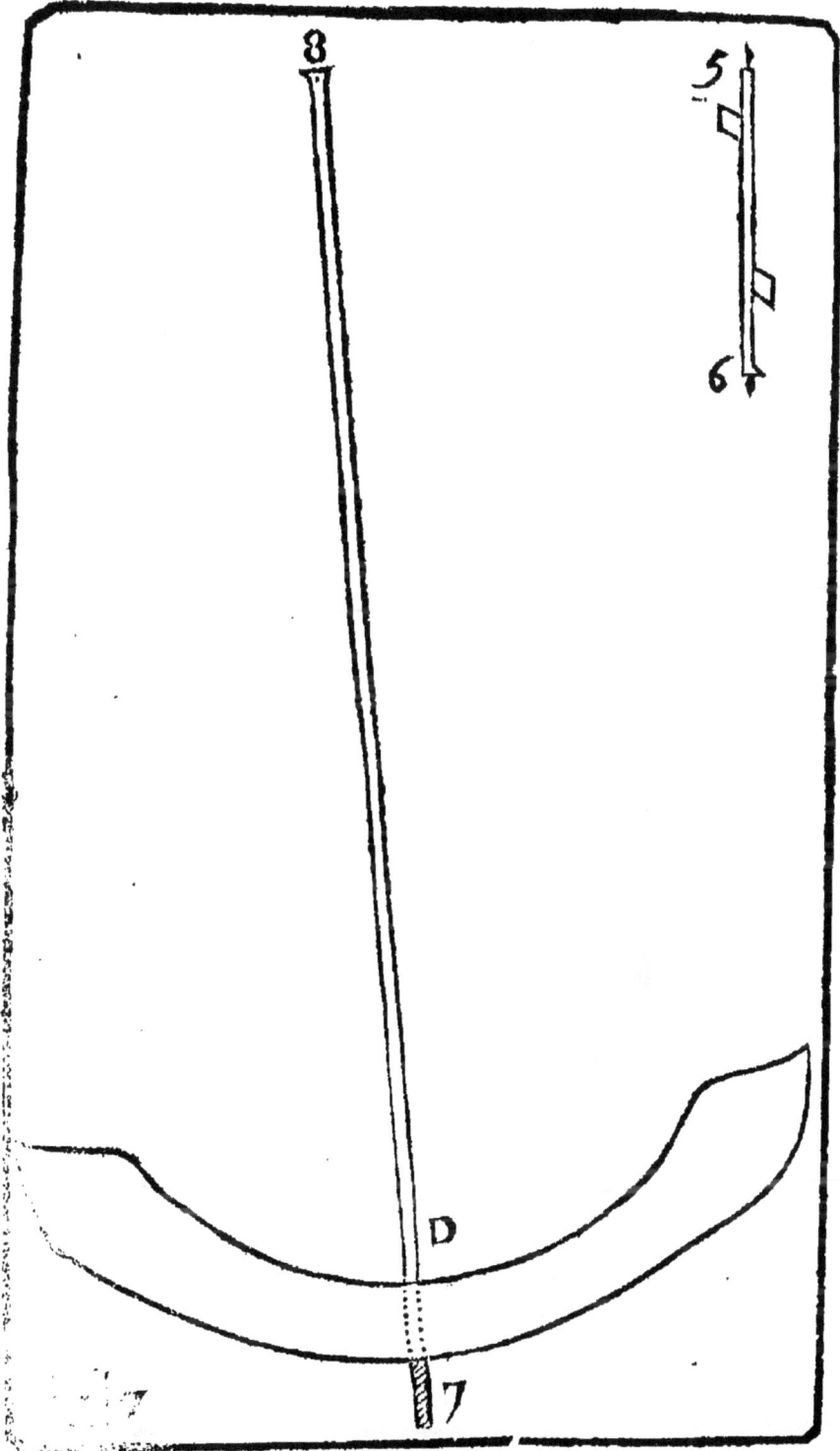

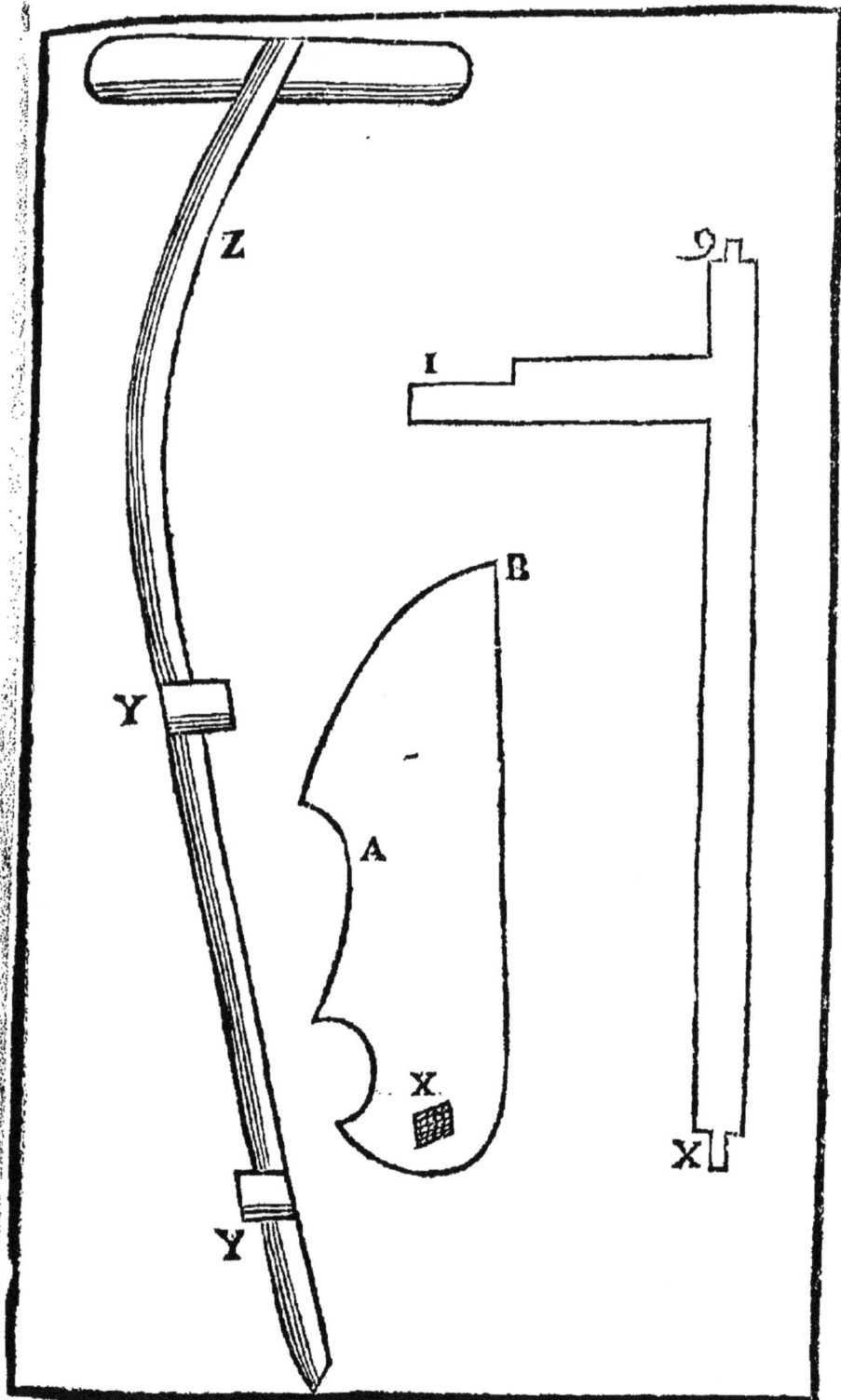

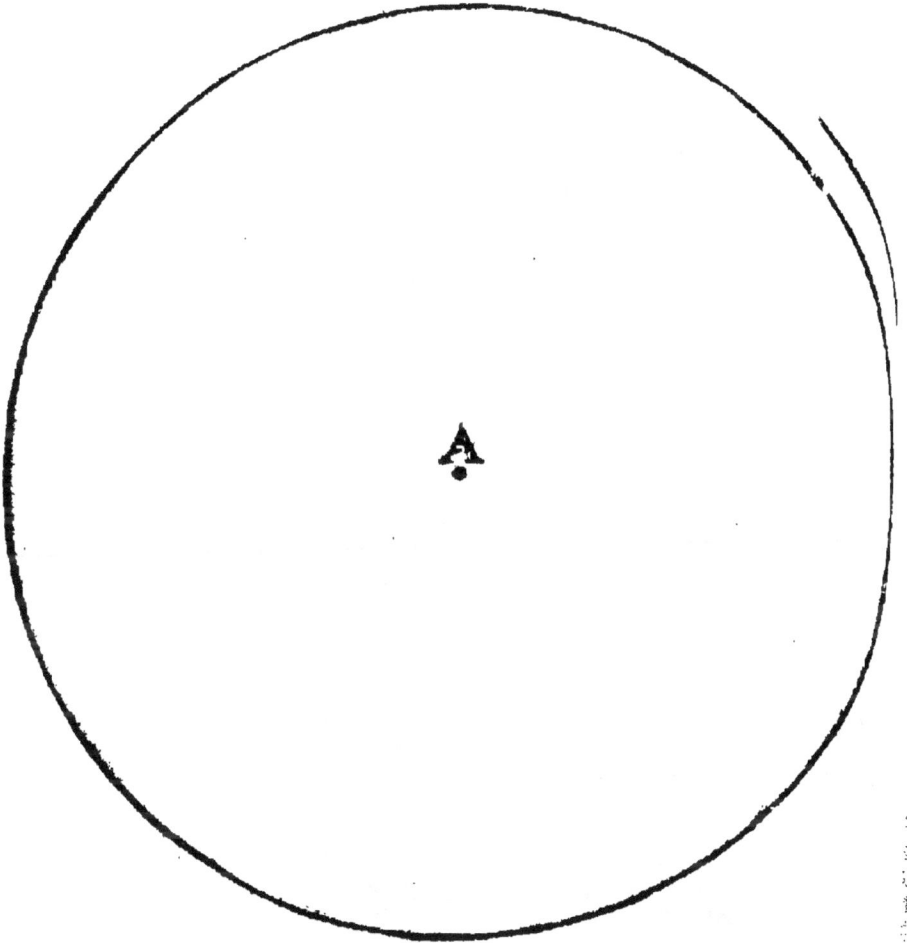

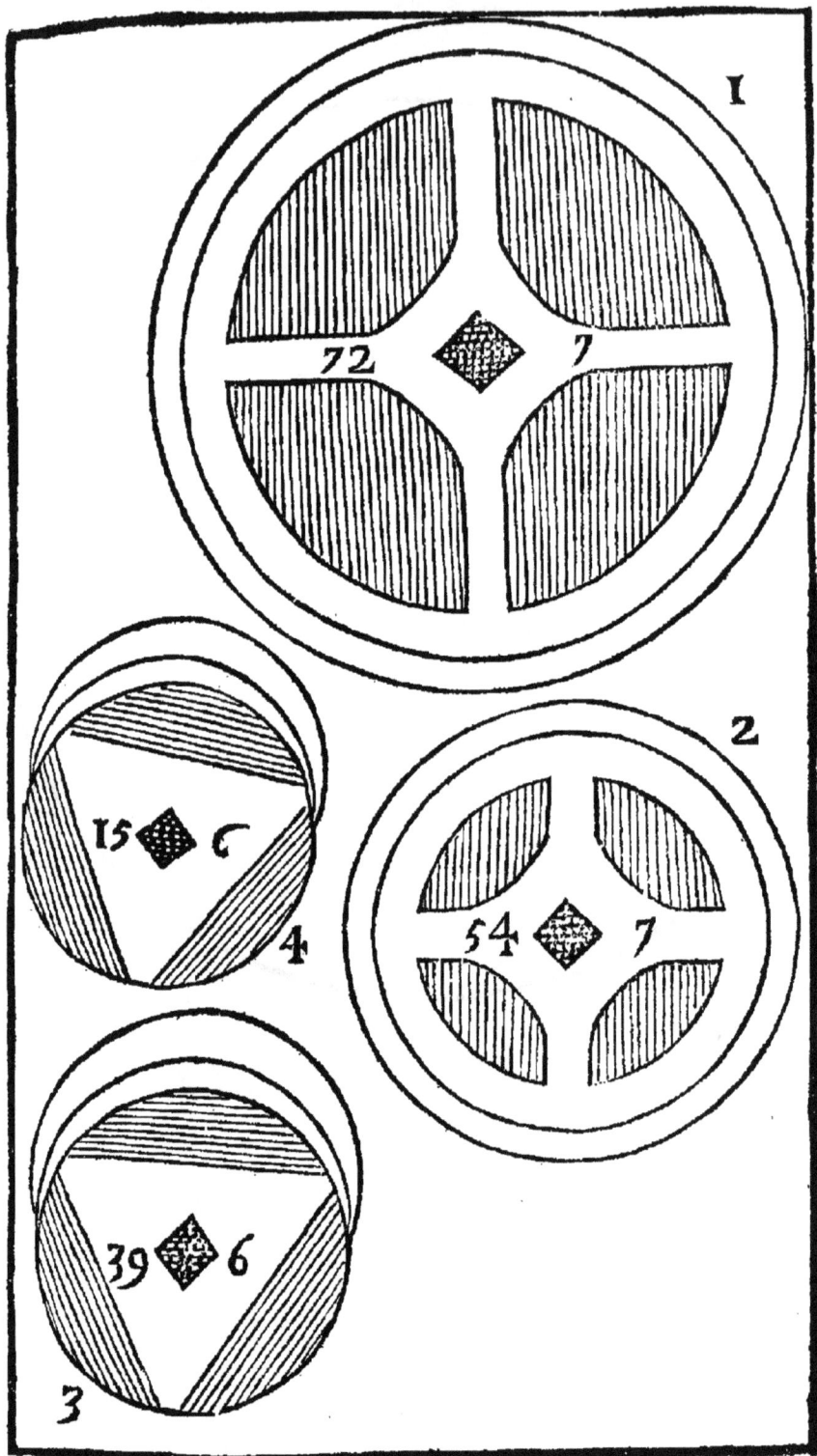

I

72   7

2

15   C

54   7

4

39 6

3

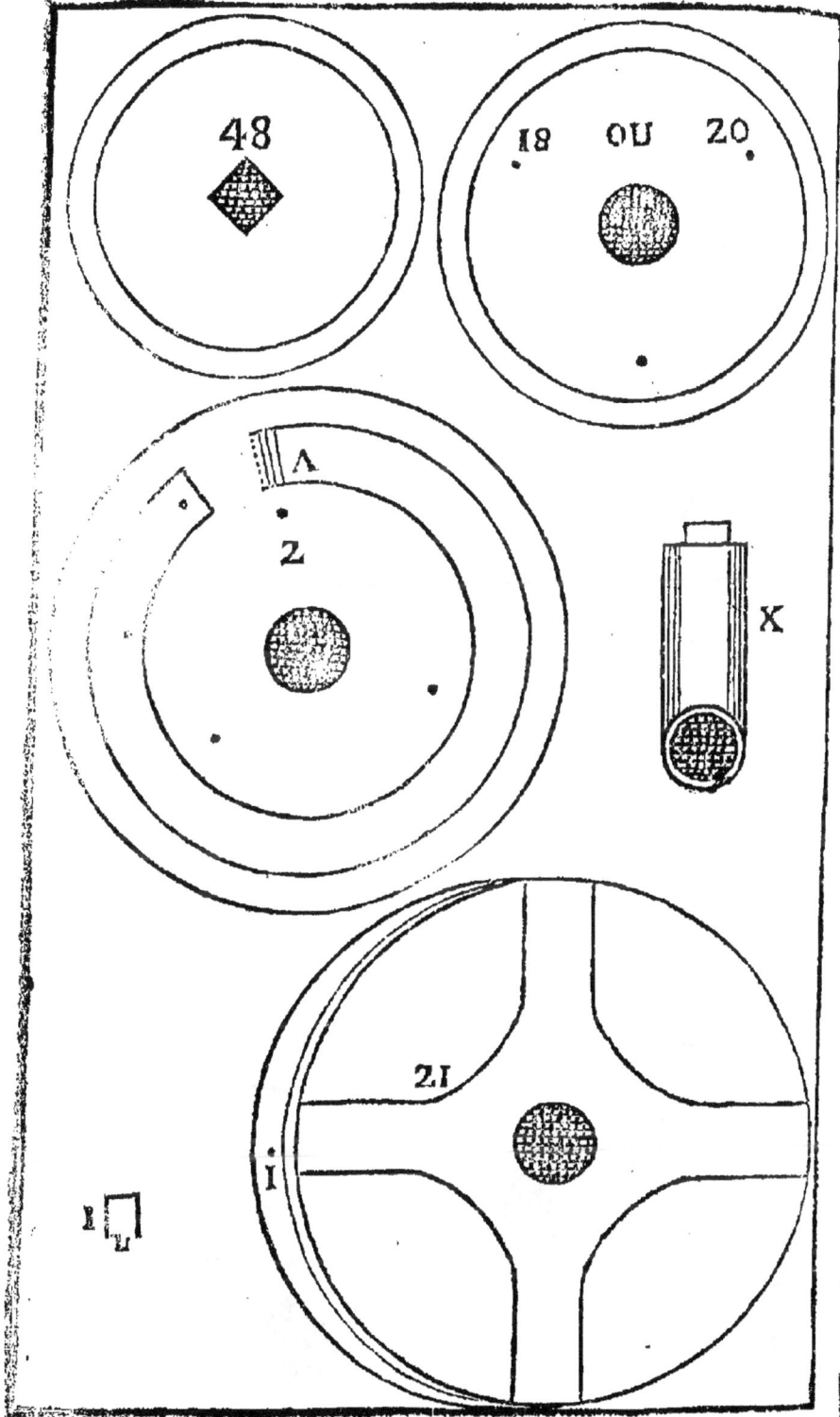

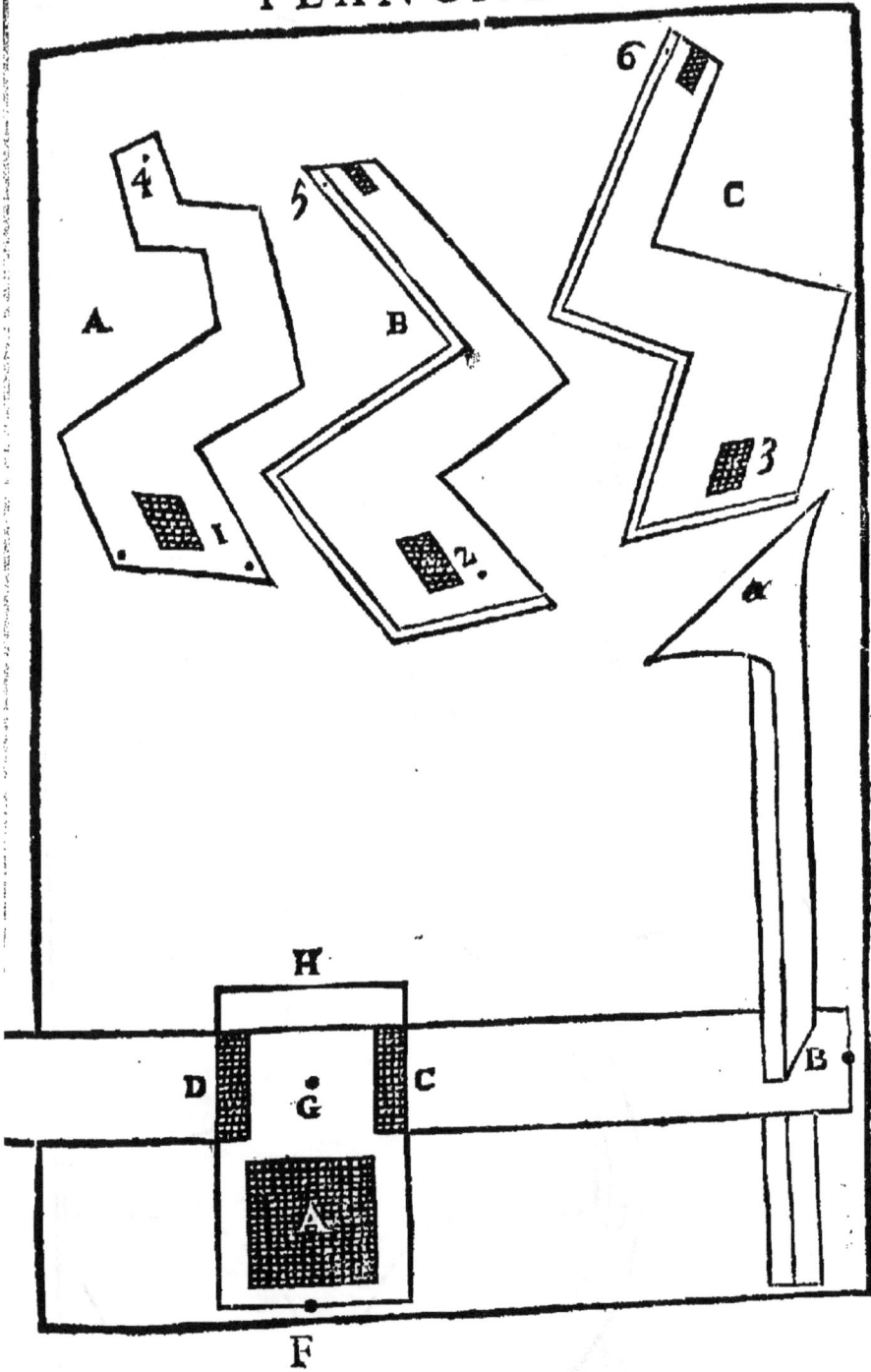

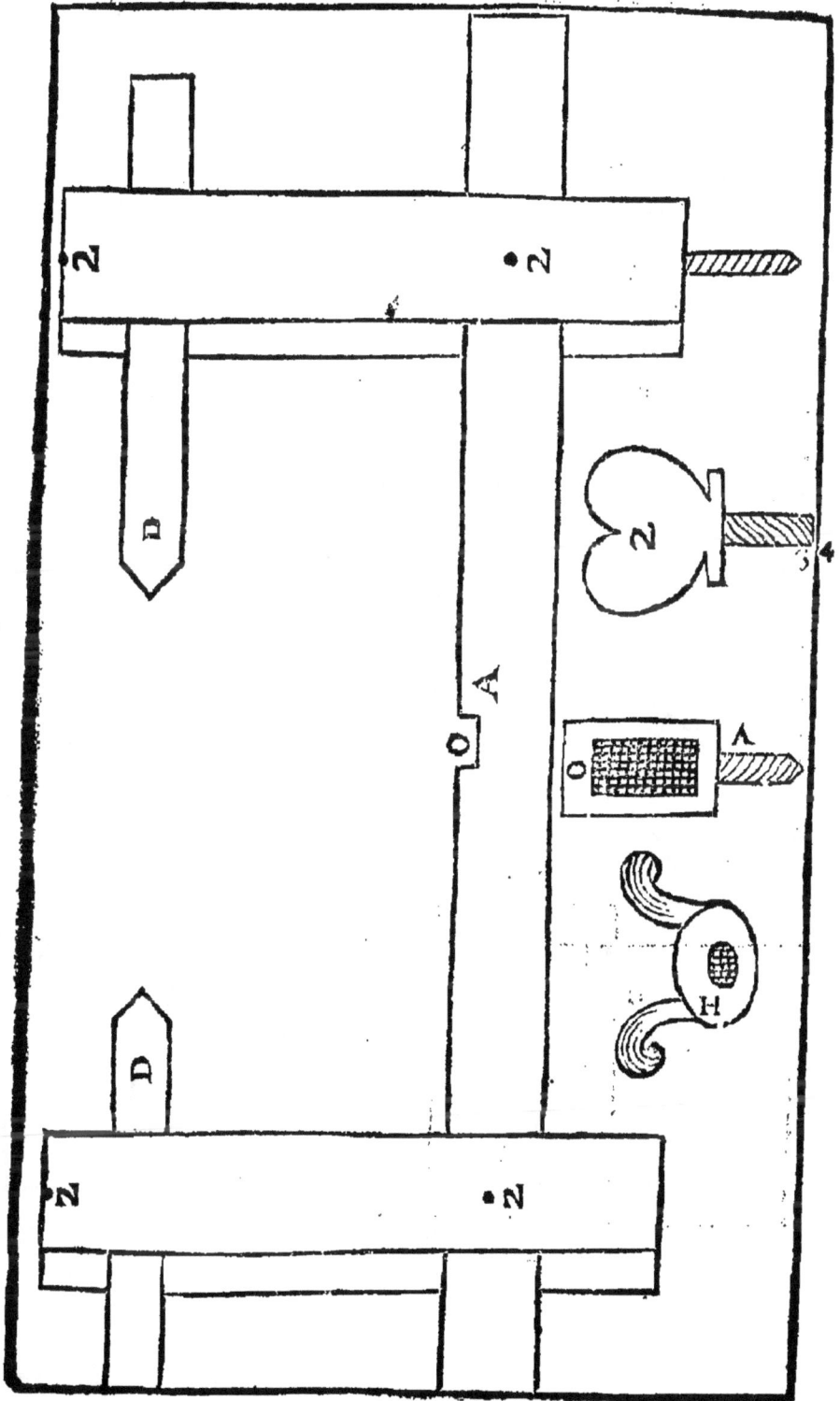

Cadran Horiſontal pour l'élevation du Pole 49° 30'. Roüen.

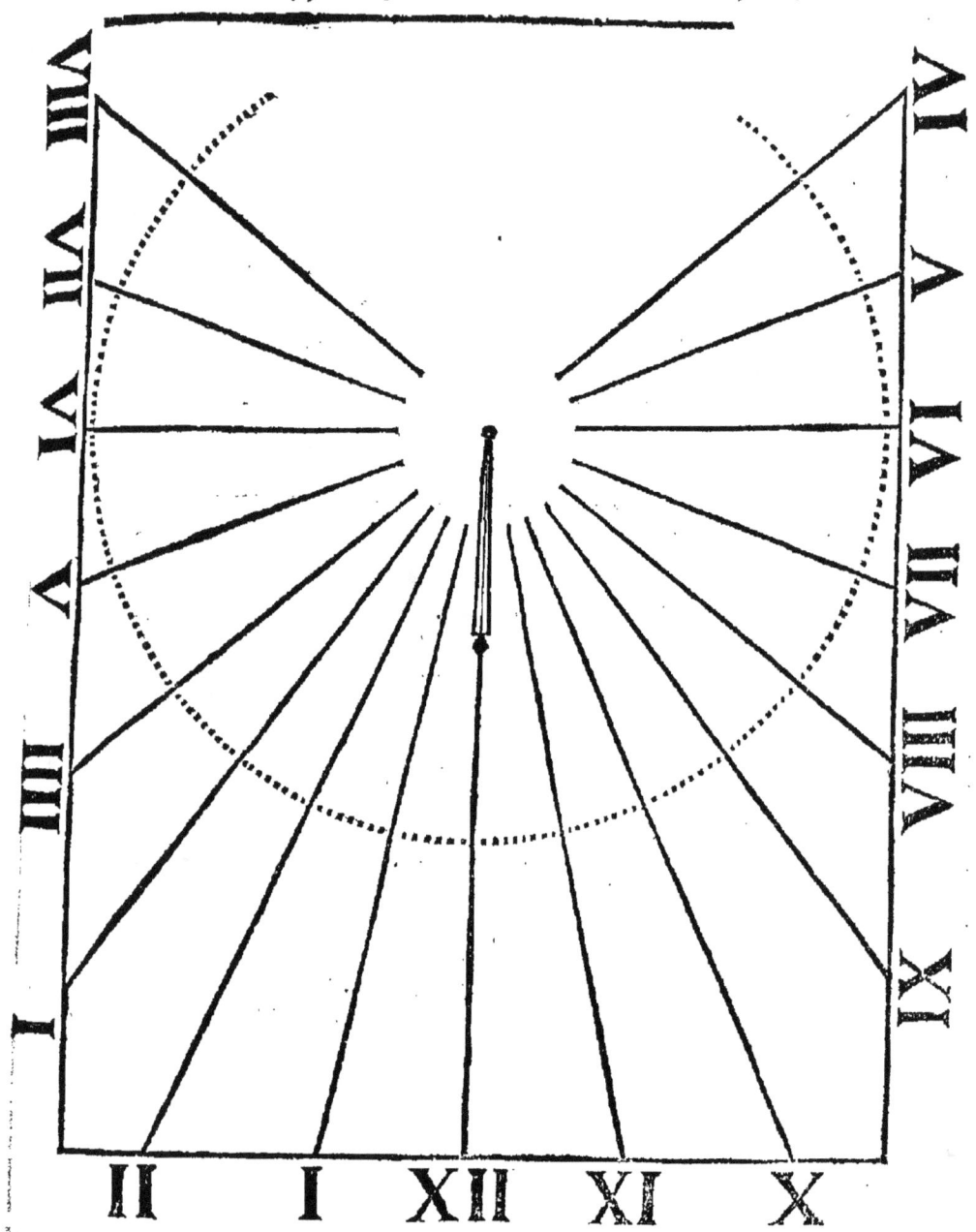

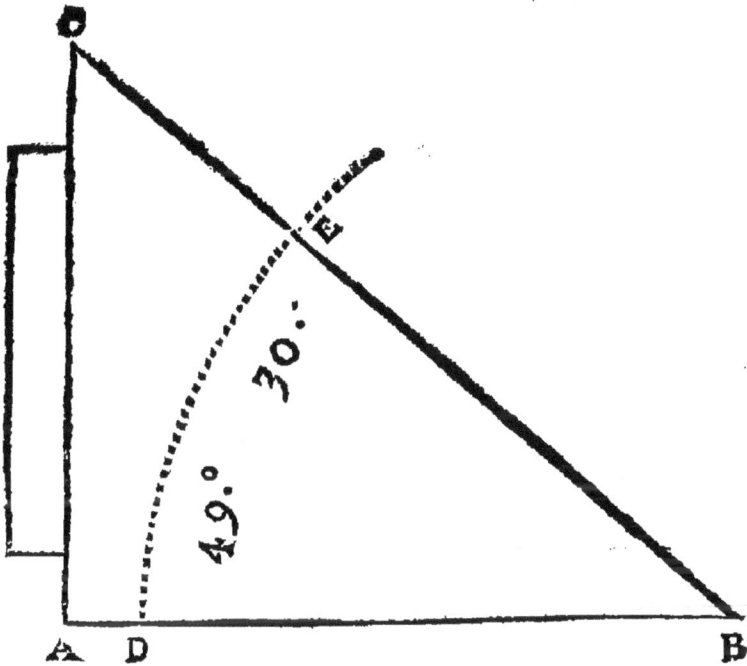

Table des degrez & minutes pour un Cadran horifontal , à l'élevation de 49° 30'.

1 & 11 H. 11°. 31'.
2 & 10 H. 23°. 42'.
3 & 9 H. 37°. 15'.
4 & 8 H. 52°. 48'.
5 & 7 H. 70°. 35'.
Les 6 Heures & midi font tracées.

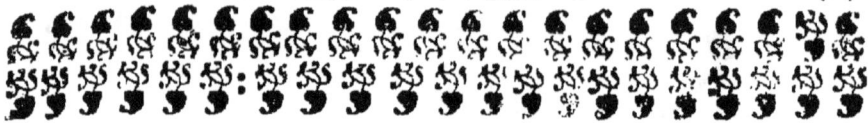

IV. PARTIE.

La maniere de faire un Reveil-Matin.

CETTE Machine est composée de deux parties principalles. La premiere est un mouvement pour montrer l'heure, & la seconde est le mouvement de la sonnerie, & le tout se fait comme il suit.

Explication de la Planche premiere.

J'Appelle Plaque inferieure celle qui sert comme de table sur laquelle posent toutes les parties qui composent une Horloge. Les quatre plus gros trous marquez par les chiffres 3, 6, 5 & 7 sont faits pour y passer les cordes du mouvement du Reveil, & éloignez l'un de l'autre du diametre de la poulie.

Les points ou plus petits trous marquez par 1. & 2. sont pour y placer le bas des deux montans de cuivre, marquez aussi par les mêmes chiffres 1. & 2. L'un de ces montans est dans la Planche quatre, que j'expliquerai en son lieu, comme aussi toutes les autres Planches l'une aprés l'autre.

Les points marquez par le chiffre 8. font pour y placer le bas des quatre colomnes, dont une eſt B, planche quatre. Les points 9 proche du bord de la plaque font pour y mettre des petites Goupilles, comme eſt celle marquée par un petit A de la preſente Planche, ſi vous n'avez pas menagé des petites pointes au bas des placques du Cadran & du fond de la Cage, Planches 3 & 5. La Figure B eſt une autre Goupille ; mais large, en maniere d'un petit coin, dont les extremitez de ſa longueur ſont en bizeau, c'eſt-à-dire faits comme une lamme d'un couteau, ces Goupilles larges ſe mettent à côté des montans ſur la plaque ſuperieure aux lettres A, A, A, A, Planche 2, pour arrêter ces montans dans leur lieu.

Reſte à expliquer la Figure 2, 3, 6. Cette Figure ſert de ſommier à la rouë du Reveil, & ſe place aux points 2 & 3 de la plaque du fond de la Cage, planche trois, ſon extremité vers deux & trois eſt vidée pour donner paſſage aux pallettes du marteau du Reveil, & le point 6 eſt pour y mettre une petite Goupille pour retenir la poullie contre ſa rouë Voilà ce qui eſt dans cette planche.

Explication de la Planche ſeconde.

DANS cette Planche eſt la plaque ſuperieure égale en tous ſens à la plaque in-

ferieure dont je viens de parler , c'eft-à-dire
tant en épaiffeur qu'en grandeur. La mortaife A affez ouverte pour y faire paffer une partie de fon montant, vers D, feulement pour
y placer le tenon du montant, & on fait des
petites hoches comme en A, A pour y mettre
les goupilles larges dont j'ai parlé dans l'explication de la planche premiere.

La mortoife B eft beaucoup plus ouverte
que celle d'A pour donner paffage à la verge
de la Pendulle quand elle fait fes vibrations.
Les retraites C & D font égales & éloignées
l'une de l'autre comme le font les points 1 &
2 de la Plaque inferieure planche premiere,
afin que les montans & les pilliers de la Cage
foient d'équaire à la plaque inferieure & fuperieure.

Les trous quarrez 1, 2 & 3 font pour y
placer les tenons des pitons, marquez auffi
par les mêmes chiffres 1, 2 & 3. Les points
que vous voyez à côté des trous quarrez font
pour y mettre des petites pointes affez cour-
tes pour pouvoir entrer dans les pates des
trois chevalets planche onziéme ; de forte
que le piton marqué par 1 & 11 fe met au
quarré 1 &, l'11 marquent les deux points
qui font à côté de ce quarré, &c.

Le trou quarré, ou quarré long, eft pour
y placer le bas du Porta-cloche A, E de la

planche quatre, le bout **A** eſt arrêté pour
paſſer au travers de la cloche ou timbre : ob-
ſervez-y un petit quarré de l'épaiſſeur de la
cloche & de la grandeur du trou quarré, que
vous ferez à la cloche. **A**, eſt un trou pour y
faire paſſer le bout **A** dudit Porte-cloche, &
au bas de ce Porte-cloche vers **E** eſt une mortaiſe pour entrer dans ce trou quarré **B** pour
y mettre une clavette ou goupille large ; ſer-
rant l'un & l'autre bout, tout ſera ferme ſur
la Plaque.

Le trou **Z** eſt fait ainſi que vous le voyez,
pour donner paſſage aux pallettes de l'arbre
du manche du marteau du Reveil.

Les points 8, 8, 8, 8, ſont pour le haut
des quatre collomnes ou pilliers qui ſe mettent aux quatre coins de la Cage.

Ces 9, 9, 9, 9, ſont comme j'ai dit à
l'explication de la Planche premiere, & les
10, 10, de l'un & de l'autre Plaque ſont pour
y faire paſſer les Pitons, que vous menagerez
au deſſus & au deſſous des deux portes.

Les deux **Æ, Æ,** ſont pour tenir deux aîlons,
que vous menagerez au couronnement, & ce
par des petites viſſes à têtes fenduës ſi vous
voulez.

Explication de la Planche troiſiéme.

CEtte Planche contient ſeulement la
plaque du fond de la Cage qui doit

²rre haute comme celle du devant qui eſt celle
du Cadran & large comme le ſont les deux
inferieure & ſuperieure.

Le point I eſt pour y placer le piton I, Z,
qui eſt vidé, pour pouvoir y faire paſſer les
pallettes qui ſont au manche du marteau du
Reveil. Les deux points 2 & 3 ſont pour placer
les tenons de la Figure 6, 2 & 3 de la planche premiere dont j'ai parlé en ſon lieu. Le
tenon 4, Z, eſt pour mettre au point 4, & eſt
percé de la groſſeur du manche du marteau.
Le tenon 5, Z, eſt percé à moitié de ſon épaiſſeur pour y recevoir & porter le bout dudit
manche, ſa place eſt au point 5 de la plaque,
& le point 9 eſt pour le bout de l'arbre 9, X,
de la planche 7. Voilà tout ce que cette planche troiſiéme contient.

Explication de la Planche quatriéme.

LA lettre B montre un des quatre pilliers
dont j'ai déja parlé dans les planches premiere & ſeconde, aux tenons ſont des petits
trous pour y mettre des petites goupilles.

La lettre C montre un des deux montans;
car l'un eſt pareil à l'autre, excepté le point
14, qui n'eſt point à l'autre. J'ai dit ailleurs
que ces deux pitons 1 & 2 du bas de ces montans ſe mettent aux points 4 & 6 de la pla-

que inferieure planche premiere, & les tenons
10 dans les retraites D , C de la plaque superieure planche seconde. Ce montant ici se
doit placer au point 4 & D des plaques su-
perieures & inferieures , parce que le trou 17
est foré ou percé plus gros que les autres
pour recevoir l'arbre de la grande Roüe, qui
doit être fort , parce qu'il porte les poids.

Le point Z est foré à moitié de l'épaisseur
du montant pour y recevoir le bout de l'arbre ou aissieu de la roüe du Cadran , figure
48 , planche 10.

Le point 16 est pour y placer le bout de
l'aissieu de la roüe moyenne, figure 54, planche 9.

Le point 15 est pour l'aissieu de la roüe de
champ , ou roüe troisiéme. On l'appelle ordinairement roüe de Champ , quoiqu'elle n'y
soit pas ; mais parce qu'elle est faite & coupée comme celle là. Remarquez que la vraye
roüe de champ est celle qui vous paroît d'a-
bord en ouvrant une montre les dents en haut,
& son aissieu vient du haut en bas, & elle a la
figure d'un petit cercle dentelé.

Enfin le point 14 est pour y placer le tenon 14 du petit bras, figure D , . . de la presente planche que vous rivez de l'autre côté
du montant, c'est-à-dire du côté du Cadran,
parce que ce petit bras doit être tourné du

côté des rouës. Le point A qui est vers le bout de ce bras est percé à moitié dess us l'épaisseur pour y recevoir le bout du bas de l'arbre de la rouë de rencontre.

La Figure A, E est le Porte-cloche ou le soûtien du timbre dont j'ai parlé ailleurs. A est le trou du bout A qui est vissé & qui entre dans la cloche; il est ainsi contourné pour aller chercher le milieu du timbre. On le peut faire d'une autre maniere. La Figure deux est faite comme une lozange, aussi en porte-elle le nom, son bout de haut est un peu courbé ou ployé pour recevoir le pied de biche dont je parlerai en son lieu.

Explication de la Planche cinquiéme.

Dans cette Planche est la plaque du devant de la Cage dont j'ai parlé dans l'explication de la Planche trois. La figure qu'elle porte se fait assez connoître aux moins intelligens. Je dirai seulement que le centre du Cadran doit répondre au point Z du montant C de la planche quatriéme. La division du grand Cadran est en douze parties égales, & celle du petit aussi : mais vous distinguez les chiffres comme vous voyez à la Figure. Les quatre pitons qui sont au petit cadran du Reveil ne servent que pour aider à le tourner sur l'heure qu'on le veut faire sonner.

L'Aiguille du Cadran eſt deſſous, & pour le Cadran du Reveil vous en faites une autre, mais plus petite, ſelon ſon cadran. La choſe eſt trop facile à concevoir pour ne pas finir cet article.

Explication de la Planche ſixiéme.

LA Figure D eſt ce qu'on appelle Pendulle, pour l'ordinaire on lui donne de longueur depuis l'arbre qui porte les deux pallettes qui s'engrennent dans les dents de la Rouë de rencontre juſqu'au bas de l'Horloge. Le bout 8 de la verge ſe met à l'arbre qui porte les ſuſdites pallettes, qu'on appelle communément Ballencier. Le bout de bas 7 eſt viſſé comme vous voyez, où on met l'écrou 7 pour pouvoir hauſſer & baiſſer ſelon le beſoin l'ancre qui ſert de poids, au travers de laquelle on fait paſſer la verge de la Pendulle. La figure 5, 6 eſt cet arbre dont je viens de parler, ces pallettes ou aillerons ſont éloignez l'un de l'autre du diametre de la rouë de rencontre (c'eſt-à-dire leur milieu) & ces aillerons doivent être plus larges que la rouë eſt épaiſſe & les bouts de l'ancre doivent être en biſeau pour couper l'air plus facilement que ſi ils avoient une certaine largeur.

Explica-

Explication de la Planche septiéme.

LA Figure Z, Y, Y est le marteau du Reveil avec pallettes, & sont pour engrenner
dans la roüe de rencontre du Reveil.

9 X, est un sommier qui porte un bras marqué par 1, vidé vers son extremité 1. Le bout
9 doit être mis au point 9 de la plaque du fond
de la Cage planche troisiéme, & l'autre bout X
au point 9 de la plaque du Cadran. Son bras
1 doit poser sur la circonference large de la
Roüe 21, planche dixiéme.

La figure A, B, X est ce qu'on appelle
pied de Chévre, son trou quarré se met à
l'autre bout du sommier 9 X, où un quarré
paroît que vous proportionnez l'un avec l'autre. Le côté A doit regarder le bras pour que
le côté courbé puisse rencontrer & poser sur le
bout recourbé de lozange dont j'ai parlé ci-
devant, afin que cette lozange tournant elle
leve ce pied de chévre, par consequent le petit bras se dégage du piton qui est sur la circonference large de la roüe du Reveil ; & en
étant dégagé, le poids tirant la roüe fait que
les dents rencontrant les pallettes du manche
du marteau le fait sonner.

E

Explication de la Planche huitiéme.

DAns cette Planche il paroît la grandeur exterieure & interieure du timbre, fa hauteur eft le demi-diamettre, ce qui lui donne la figure d'une calotte. Au haut de ce timbre vous faites un trou quarré pour y paffer le haut du foûtien A , E , planche quatre, dont j'ai parlé en fon lieu.

Quoiqu'il foit libre de faire ce timbre grand ou petit, cependant je vous confeille de le faire de la grandeur (à quelque chofe prés) de la plaque fuperieure & de le placer le plus Bas que vous le pourez , parce qu'étant ainfi il couvrira mieux les ouvertures qui font faites à la plaque, & il empêchera la pouffiere de tomber dans la corps de l'Horloge , ce qui la confervera beaucoup dans fa propreté.

Remarquez qu'on n'envoye point le modelle d'une cloche ou timbre d'Horloge au Fondeur , mais feulement le diamettre du dedans, ou du dehors , il n'y a que celui là à quoy l'on n'eft pas obligé , fi fait bien de toutes les autres pieces de cuivre , foit des rouës, des montans, des colomnes ou pilliers, &c.

Quand il y a plufieurs pieces égales, il fuffit d'en envoyer un feul model . Ces modelles de colomnes fe font de bois par un tourneur. Pour les Plaques fe font des planchettes de bois qui n'eft point fujet à fe déjetter , comme le chêne bien fec, ou poirier, pommier , &c.

Mais les modelles des montans, des rouës, & du couronnement doivent être faits de plomb, que vous fondez vous-même en plaque de telle épaiſſeur que vous le voulez, ſur laquelle vous tracez les Figures dont vous avez beſoin, & que vous coupez & limez enſuite.

Vous pourrez les envoyer dans une boëte à Mr le Roux Fondeur, demeurant dans la ruë Beauvoiſine à Roüen, il fond fort proprement, il donne de bon cuivre, c'eſt-à-dire que ſon cuivre n'eſt point aigre ni caſſant.

Les Montans doivent avoir pour l'épaiſſeur d'un Horloge ou Reveil comme celui-ci que je vous donne pour modelle, un coup de ligne, & la grande Roüe de deux au moins, & les autres à proportion de leur grandeur.

Il ne faut pas denteler le modelle des rouës, cela ne vous ſerviroit en rien du tout ; mais leur conſerver leurs croiſées ou les triangles qu'on y fait dedans pour les rendre plus legeres, par conſequent plus facile à mouvoir.

On doit garder auſſi ſur les modelles des rouës un petit carlet un peu élevé attenant au trou deſdites rouës, ſoit quarré ou rond, pour donner à la roüe de cuivre un petit enfoncement, afin qu'en rivant l'arbre à ſa roüe que les barbes de cet arbre ou aiſſieu entre dans ce vide ; ce qui la rendra ferme contre

E ij

l'épaulement que vous avez fait à cet aiſſieu.

Si je dis ici pluſieurs choſes qui ne regardent point l'explication de cette Planche, c'eſt que j'ai crû ne devoir pas paſſer ces éclairciſſemens neceſſaires aux jeunes Ouvriers à qui tout fait peine.

Explication de la Planche neuviéme.

LA plus grande Rouë de cette Planche eſt celle du mouvement du Cadran, ſon ſecond cercle eſt pour le bas des dents, & le troiſième eſt pour la circonference large de ladite rouë. Le chiffre que vous y voyez ſur ſes croiſées veut dire qu'elle doit être diviſée en ſoixante & douze parties, ou dents égales, & 7 aprés 72, veut dire qu'à ſon aiſſieu il doit y avoir un pignon de ſept aillerons. Le trou quarré à ſon centre eſt pour y placer ſon arbre, axe, ou eſſieu, qui ſont la même choſe, au bout duquel arbre de cette rouë, c'eſt à ſçavoir de l'autre côté du premier montant, eſt ce pignon dans lequel s'engrenne la rouë du Cadran 48, planche dixiéme, & l'autre bout de cet arbre, c'eſt-à-dire ſon pivot, dans le point 17 du montant C, planche quatre.

La 2. eſt la ſeconde ou rouë moyenne, ſuppoſée être diviſée en 54 dents, & ſon pi-

gnon en 7 , auſſi qui s'engrenne dans les dents
de la premiere rouë ci-deſſus. Les pivots de
ſon arbre ſe doivent placer aux points 16 des
deux montans.

La 3. eſt cette Rouë de champ dont j'ai
parlé ailleurs. Elle doit être diviſée & coupée en 39 parties , ou dents , & à un pignon de 6 aillerons. Son premier Cercle marque ſa grandeur , une autre partie de Cercle
montre le bas des dents & l'autre la largeur
de ſa circonference large.

On ne peut pas voir cette Rouë dans ſon
plein , parce que ſes dents ſont en haut quand
elle eſt couchée ſur la table ou dans une montre de poche. Son pignon s'engrenne dans les
dents de la rouë ſeconde ci-deſſus. Les aiſſieux
ou arbres de ces trois rouës ſont égaux en
longueur , puiſqu'ils ſont mis entre ces deux
montans ſuppoſez également éloignez l'un de
l'autre , ce qu'on appelle paralelles.

La 4. eſt la quatriéme Rouë du mouvement. Elle eſt une des plus petites & eſt
miſe de champ , c'eſt-à-dire de plat , pour
l'ordinaire au deſſus de la plaque ſuperieure de la Cage ; on la nomme Rouë de rencontre. Sa figure eſt comme celle dont je
viens de donner l'explication , mais ſes dents
qui ſont ici au nombre de 15 , c'eſt-à-dire toûjours non pair , ſont videz du haut d'une dent

E iij

au bas de sa voisine, non tout droit, mais un peu comme ceintrée, à la façon d'un moule de bouton à juste-au-corps, posant le côté plat contre une dent & le côte rond vers l'autre dent. Aussi ai-je vû en couper une à l'Archet avec une espece de moule à bouton d'acier picoté comme sont les rappes ; ce moule à bouton faisoit l'office de lime fort bien, & donnoit la tournûre aux dents de cette Roüe fort juste. Toutes les Roües de rencontre se font ainsi, c'est-à-dire toutes celles qui ont des pallettes à rencontrer, car il y a une autre roüe de rencontre qui n'est point coupée comme celle-ci, mais comme les autres, dont je parlerai une autre fois plus particuliere-ment.

Cette Roüe de rencontre ici a un pignon de six, vers le bout de son arbre, qui s'en-grenne dans les dents de la troisiéme roüe. Celle-ci fait mouvoir la seconde, & cette se-conde fait mouvoir la premiere, ou grande Roüe qui donne le mouvement à tout le reste de la Machine.

Le Piton ou le bout de l'arbre de cette Roüe de rencontre tombe dans le petit trou A que vous avez fait vers le bout du petit bras D, de la planche quatriéme, dont j'ai parlé dans l'explication de ladite planche.

Dans la plus part de ces petites Roües on y

forme un triangle plein pour s'y conferver
un centre rond, ou quarré, felon vôtre goût.

Explication de la Planche dixiéme.

LA Roüe quarante-huit eft celle qu'on appelle Roüe du Cadran, le bout de fon
aiffieu fe met au point Z, du montant C, de
la planche quatriéme, & l'autre bout dudit
aiffieu paffe dans le trou qu'on fait au centre
du Cadran fur la plaque du devant de la Cage.
Ledit aiffieu ou arbre eft rond & égal depuis
fa roüe jufqu'au dehors de ladite plaque ; &
vous couvrez cet aiffieu d'un petit canon de
cuivre, dont un bout fera foudé à lozange,
dont j'ai parlé déja plufieurs fois, qui eft dans
la planche quatriéme, figure 2, & l'autre
eft quarré pour y placer l'Eguille du Cadran
du Reveil. Faite une hoche tout autour de l'arbre à l'extremité dudit canon, vers le Cadran;
en ferrant un peu la lozange contre ladite roüe,
& mettrez un anneau de fil de fer dans cette
hoche ou fente pour que le tout ne tourne pas
fi facilement de foi-même ; pour lors vous
pourrez tourner une Eguille fans tourner l'autre, ce que l'on demande. La figure X eft ce
Canon, mais il n'eft pas proportionné ici, je
l'ai defigné feulement pour en faire concevoir
une idée au jeune Ouvrier qui n'en a jamais

vû , comme auſſi quelques autres pieces. Ce
Canon eſt fait comme ſi vous coupiez un bâton de ſureau, ou le tuyau d'une plume d'une
certaine longueur. Celui - ci ce fait en fo-
rant ou perçant un petit bâton de cuivre de
la groſſeur de l'arbre où vous le voulez mettre.

Nous voici venus à la derniere Roüe qui
eſt celle qui fait ſonner la cloche ou le timbre du Reveil en tournant ; ces dents rencontrent les pallettes qui ſont au manche du
marteau , & le font aller çà & là contre le
timbre ; & par ſon bruit qui dure juſqu'à ce
que le poids ſoit en bas il reveille celui qui
eſt endormy. Cette Roüe eſt marquée par le
chiffre 21 , qui veut dire que vous la diviſerez en vingt & une dent de la maniere dont
j'ai parlé de la Roüe de rencontre , car c'en
eſt une auſſi, comme j'ai dit ; ſur ſa largeur,
vous y riverez un petit piton comme celui-ci
marqué à côté par un 1. Ce piton rencontre
en tournant le petit bras 1. qui eſt au ſommier 9, X, de la planche ſeptiéme quand le
pied de chévre eſt tout à fait levé.

La Figure marquée par 2 & A , eſt une des
deux Plaques de la poulie , ſur l'une deſquelles vous mettez un reſſort d'acier aſſez maince,
mais plus épais vers A en adouciſſant, & coupé en A juſqu'à plus de la moitié de ſon é-

paiſſeur, ce qu'on appelle un menton, dont j'ai parlé ailleurs, qui doit être tourné du côté de la roüe pour embraſſer une de ſes croiſées, Ce reſſort eſt rivé par l'autre bout par deux ou trois clous contre ſa plaque, ou platine de fer, ou de cuivre, pour lors c'eſt un vrai reſſort. Vous placez le montant de ce reſſort du côté que doit être le plus gros poids ſur ſa poulie. Or cette poulie ſera poulie quand vous y aurez mis & rivé enſemble par deux ou trois rivets ces deux platines, & l'autre dans le milieu, c'eſt-à-dire entre-deux, aprés lui avoir fait pluſieurs petits piquants, laquelle doit être de l'épaiſſeur de la corde qui porte le poids. Ces pointes ſont faites pour retenir la corde & qu'elle ne gliſſe point que peu à peu. Les chiffres 18 ou 20 que vous voyez ſur cette platine veulent dire que vous pouvez y faire ce nombre de pointes, ou autrement, comme vous le jugerez à propos. Les points marquez en triangle équilateral ſur l'une & l'autre plaques ſont pour les river enſemble. L'arbre de cette poulie eſt le même que celui de ſa roüe & le trou de ſon centre auſſi rond comme eſt l'arbre. Dans ce trou vous pouvez ſouder un canon qui couvre ledit arbre juſque contre le montant, il ſervira à contenir la poulie contre ſa roüe & le menton du reſſort à accoler la croiſée.

Explication de la Planche onziéme.

DAns cette Planche font les trois chevalets pour porter les deux bouts du Ballencier, & contenir le haut de l'arbre de la roïe de
rencontre. Celui qui eſt marqué par la lettre
A eſt pour contenir cet arbre qui a un pignon
de 6, qui s'engrenne dans la roïe troiſiéme,
comme j'ai dit, & dont le bout de bas tombe
dans le petit trou fait au bout du petit bras
fixé au point Z du montant, comme j'ai dit auſſi
en ſon lieu ; ce Chevalet eſt ainſi échancré
pour donner paſſage aux dents de la roïe de
rencontre, & ſa mortaiſe que vous voyez à la
patte ſe met au piton que vous aurez mis au
trou quarré 1. de la ſuſdite plaque ſuperieure.
　Celui qui eſt marqué C, ſe met au piton
trois de ladite plaque, & B au piton deux,
mais il doit être percé du côté C; ce que vous
connoîtrez facilement en travaillant : car le petit trou 5 doit regarder le trou 6, qui ſont
faits pour y recevoir les deux bouts ou pivots
de l'arbre du Ballencier, & le chevalet A doit
être percé du deſſus au deſſous, la choſe eſt
toute naturelle. Les uns & les autres ſe placent aux mêmes chiffres qui ſont ſur cette plaque ſuperieure.
　Je croi avoir tout dit ce qui regarde la con-

struction de ce Reveil : au reste il est assez difficile de ne pas laisser quelque chose derriere , comme il est difficile d'en donner des mesures exactes des pieces qui le composent ; j'espere cependant les donner autant précises qu'on les peut donner un autre fois.

Reste à expliquer la Figure A , B , C , D , E , F , G , H I , qui est un soûtien du tour que vous verrez dans la planche suivante , où je renvoye l'explication.

Explication de la Planche deuxiéme.

JE donne dans cette Planche le modelle d'un tour dont tous les Horlogeurs se servent pour tourner leurs roües , les aissieux, ou arbres & tout ce qu'ils ont à tourner pour la construction d'une Horloge.

Les nombres deux, sont deux poupées ou montans dont l'un est fixé si on veut & l'autre mobile ; c'est-à-dire qu'on le glisse sur la fleche A quand on veut & selon la longueur de l'arbre, de la roüe , ou autre chose que l'on veut tourner, ou on le fixe par le moyen d'une visse que l'on met au point 2 de bas.

On fait cette fléche A , ou quatrée , ou un peu plus platte que quarrée, cela dépend de vous, pour faire passer dans des mortaises de

mêmes figures faites vers le bas desdites poupées, qui font pour l'ordinaire quarrées. Les
pointes D, D, font des pointes de figures
rondes pour l'ordinaire, cependant il me fem-
ble qu'elles feroient meilleurs quarrées, parce
qu'elles auroient plus d'affiete dans leurs mor-
taifes ou trous auffi quarrées : On les tire &
repouffe autant que vous en avez befoin,
ou on les arrête par le moyen d'une autre viffe
qui eft au deffus defdits montans au point 2;
mais pour pouvoir s'en fervir il faut avoir
quelque chofe pour foûtenir le burin ou petit
cizeau pour tourner ce que vous avez à tourner, autrement vous n'en pourrez pas venir
à bout. Pour cela donc il eft neceffaire d'un
foûtien que j'ai mis dans la planche onziéme,
& dont j'ai donné la fabrique, A, B eft ce
foûtien, fur le haut duquel vous pofez vôtre
cizeau ou burin, & ce vis-à-vis ou à côté de
la roüe, felon l'endroit que vous voulez travailler. Ce foûtien monte ou defcent, c'eft-
à-dire gliffe haut & bas dans un trou quarré
que vous aurez fait vers le bout de la petite
fleche B, C, & vous l'y arrêtez par une viffe
vers le bout de E, & le bout de cette petite
fleche coule au travers d'un trou C, D fait au
curceur, où j'ai été obligé de faire paroître
les deux côtez de ce trou fait de la groffeur
de ladite petite fleche, & vous l'arrêtez par

le moyen d'une viſſe du point o dudit curceur.
Vous faites enſuite un autre trou à ce dit curceur de la groſſeur & grandeur de la grande
fleche A, de cette planche preſente, pour l'y
faire couler deſſus, vis-à-vis de la roüe que
vous voulez arondir, étant miſe ſur les pointes
du tour, & vous l'arrêtez par deſſous au point
F avec encore une viſſe, ainſi vôtre tour eſt
prêt à ſervir.

Pour cela vous pouvez le mettre dans un
étocq, ou le poſer ſur une table & l'y ſerrerez fortement par le moyen d'un arrêt O, A,
qui eſt viſſé par le bout de bas, & l'écrou aillé H
dans cette planche douziéme.

Je croi que vous entendez bien qu'il faut
faire paſſer la grande fleche A par l'ouverture de la figure O, A, & la placer au point
O, où eſt un écran ou hoche. La figure 34
eſt la viſſe pour mettre auxpoints 2.

Remarquez que vous pouvez ménager des
viſſes au bas des deux poupées aſſez longues
pour paſſer au travers de la table & les arrêter par le moyen de l'écrou aillé H: ce qui
eſt meilleur que toutes les autres manieres, &
que vous pouvez faire des trous ronds aux deux
autres bouts deſdites deux pointes pour tourner les roues ſur leur arbre.

Maniere d'étaimer ou blanchir le Cuivre.

SI vous voulez blanchir ou étaimer vôtre Cadran, 1°. il faut bien nétoyer le Cuivre avec le poliçoir. Or ce Poliçoir est une tête de bois sur laquelle vous appliquez vôtre piece de cuivre, en sorte qu'elle ne branle point de dessus, & vous mettez sur ce Cuivre du sable fin, aprés cela de la poudre de pierre de Ponce en poudre fine, ensuite du Tripoli, & enfin du charbon de Saule, le tout bien en poudre fine, l'un aprés l'autre, ce qui rendra vôtre Cuivre propre assez pour faire ce que vous avez à faire. Ayez encore une autre tête de pareille grosseur que la premiere si vous voulez, & posez là en la renversant sur la plaque de Cuivre, & tournez ou faites tourner la premiere par une personne, & ce par le moyen d'une corde qui est entourée au bas de l'aissieu ou arbre de la premiere tête, dont le bas est dans un trou comme sur un pivot, & l'autre bout au dessous de la tête soûtenue par un autre trou dans lequel tout l'arbre ou aissieu passera, pour lors une personne qui tirera tantôt un bout de ladite corde, tantôt l'autre bout, fera tourner cette tête d'un côté & d'autre, & tenant ferme la tête superieure vous polirez vôtre Cuivre fort bien. Nétoyez-le bien, puis prenez de bon Etain fin que vous ferez fondre dans une cueiller de fer ; quand il fera fondu, vous y jetterez dedans pour deux liards ou un fol, felon la quantité d'Etain, de Sel Armoniac, pendant ce tems là vous ferez chauffer ladite plaque de Cuivre, puis avec le bout d'un bâton où vous aurez mis de l'étoupe de chanvre, vous prendrez de l'Etain fondu que vous porterez fur ce Cuivre à plufieurs prifes & bien uniment ; ainfi vôtre plaque fera étaimée. Nétoyez-là bien en gratant cet Etain doucement ; car quelquefois il s'y trouve quelques graveleures ou bubes, pour lors vous pouvez faire graver le Cadran & fera fait.

Fin de la quatriéme Partie.

❧❧❧❧❧❧❧❧❧❧❧❧❧
❧❧❧❧❧❧❧❧❧❧❧❧❧

CINQUIE'ME PARTIE.

La maniere de faire une Horloge sonnante les Heures.

Explication de la Planche premiere.

LA Figure que vous voyez dans cette planche est la Plaque inferieure qui sert comme de table pour porter toute la Machine. Les quatre coins de cette Plaque sont vidés comme vous les voyez pointillez, c'est pour y mettre les quatre colomnes ou pilliers, dont vous videz à la lime leurs scinthes depuis un angle jusqu'aux deux autres prochains, ce qui fait la moitié dudit scinthe, qui est un quarré au bas & au haut de la colomne. Tous les Tourneurs à qui vous ferez faire un modelle sçauront ce que c'est. Dans le vide vous y placez un de ces coins pointillez, & vous l'y arrêtez par un rivet ou petit clou comme celui qui est à un couteau pour tenir la lame à son manche plus au moins long.

Les quatre trous marquez par 1. sont pour
le

le paſſage des cordes aux bouts deſquelles ſont
les poids & contre-poids. Ces trous ſont éloignez l'un de l'autre du diametre de la poulie
chacun en ſon rang.

Le trou quarré 2 eſt pour y placer le bas
de la figure O, P, de la planche neuviéme
qui y eſt retenu par ſon écrou.

Les points 8, 9, 10 & 11, ſont pour y placer le bas des quatre montans, planche 3,
4 & 5.

Les points 3 & 6, ſont pour y mettre des
petites goupilles pour retenir les plaques du
fond & du devant de la Cage, ſi vous n'a-
vez pas ménagé au bas deſdites plaques des
petits tenons. Et les nombres 7 ſont pour y
placer les pointes, que vous ménagerez au bas
des portes, qui leur ſerviront comme de gonds.
Fin de ladite planche,

Explication de la Planche ſeconde.

DAns cette Planche eſt la Plaque ſuperieure, les quatre coins de cette plaque ſont égaux aux quatre de la plaque inferieure, & ſont pour y placer le haut des quatre colomnes ou pilliers, dont vous videz auſſi
leurs ſcinthes ou quarrés comme vous avez
fait les autres du bas deſdites colomnes.

Le trou rond E eſt pour y faire paſſer l'arbre de la roue de rencontre avec ſon pign n.

F

La mortaife D eft ainfi faite comme vous la voyez à cette plaque. Levi de le plus long pour y pouvoir faire paffer le haut du montant D 11, planche troifiéme, afin que quand on le veut ôter de fa place qui eft au point D, de la prefente Plaque pour plus grande facilité. L'autre vide, ou plûtôt le même continué, eft fait de la largeur du tenon qui eft au haut-bout dudit montant. Les deux retraites qui font faites à l'épaiffeur dudit montant font pour y mettre une goupille large, dont les extremitez en fon long font en bizeau, pour les faire entrer dans ces petites retraites ; pour lors le montant fera arrêté. Que ceci foit dit pour les autres montans auffi.

L'autre ouverture faite en croix O, P, R, C. Le plus long vide C, P, eft pour donner paffage à la verge de la Penduie lors qu'elle fait fes vibrations, & R, O font pour y placer le haut des montans G, o, 10, de la planche troifiéme, & G, H de la planche quatre.

La mortaife B eft ainfi faite pour donner paffage au manche du marteau & au moulinet ou évantillon.

Enfin la mortaife A eft pour y placer le tenon du haut du montant 9, 10, planche cinquiéme, qui eft une croix dont la croifée 7, 8, doit être fur vôtre gauche.

Le Cadran étant devant vous, tous ces

montans font defignez & tournez comme ils doivent être dans la Cage de l'Horloge, excepté celui de la planche cinquiéme, le bras 7 & 8 doit être fur vôtre gauche auffi.

Les trous 1 & 2 font pour y placer les deux chevalets A, C, de la planche neuviéme qui foûtiennent les deux bouts de l'arbre du Balencier, & le trou 3 eft pour y mettre l'autre chevalet B, pour contenir le bout de l'arbre de la Roue de rencontre. Les points marquez par des petits a font pour y mettre des pointes qui entreront dans des petits trous aux pattes des fufdits chevalets, marquez auffi par les mêmes lettres, planche neuviéme.

Les points Z & X, font les mêmes que les 3 & 6 de la plaque inferieure. Les 7 font auffi pour le haut des portes.

Les points 9, 6, 3, 0 & 8, font pour foûtenir les couronnemens par des viffes à têtes fenduesn

Explication de la Planche troifiéme.

APrés que vous aurez fait les modelles des deux Plaques inferieures & fuperieures, un des quatre pillliers ou colomnes, vous ferez ceux des quatre montans, & ce en plomb, gardant les figures telles que vous les voyez dans cette planche & les deux f ivantes sans y marquer les trous ; car vous les faites vous-même où ils sont necessaires.

Celui D, qui porte un bras de la figure B, de la planche huitiéme, est le premier du côté du Cadran, & est tourné comme vous le voyez. Le trou A, est pour y faire passer l'arbre ou sommier de la grande roue du mouvement du Cadran, qu'on appelle seulement du mouvement, sans y ajoûter du Cadran. Le pignon de cette roüe se place à l'arbre, mais contre le montant, de ce côté ici, c'est-à-dire du côté du Cadran, pour la raison que je dirai dans la suite.

B, Est pour y recevoir un bout de l'arbre de la roüe du Cadran à moitié percé dans l'épaisseur dudit montant. L'autre bout de cette arbre répond au centre dudit Cadran, & sort même un peu plus loin que sa plaque; en sorte que vous puissiez y placer l'Eguille.

C, est pour l'arbre de la seconde, ou roüe moyenne.

D, est pour l'arbre de la roüe communément dite de Champ, quoiqu'elle n'y soit cependant pas. On peut la nommer roue troisiéme ; à la verité elle est coupée de même que celle-là, mais sa scituation répugne au nom qu'on lui donne. Le point marqué par un E, est foré ou percé comme les autres, plus gros que les trois derniers ; on le peut même faire

quarré pour y placer le tenon du petit bras 9, 5,
de la même planche, dont le point 9 est foré
aussi à moitié de son épaisseur, ou environ,
pour y recevoir le bout du bas de l'arbre de la
roue de rencontre.

F, est foré aussi assez gros, pour y placer
le bout F, du bras de la figure B, de la planche huitiéme, dont j'ai parlé. Voilà ce qui
regarde le premier montant.

La seconde figure G se place aux points X,
de la plaque inferieure, & au bout O de la
mortaise de la plaque superieure, planche une
& deux. Ce second montant est percé en
trois endroits dans sa longueur : Le point P
est pour l'autre bout de l'aissieu de la grande
roue, q pour l'autre bout de celui de la roue
moyenne : & n , pour le bout de l'aissieu
de la troisiéme roue. Tous ces trois trous
doivent se rapporter aux 3 trous, A B D, du premier montant D , puisque l'un & l'autre portent le premier mouvement.

Explication de la Planche quatriéme.

LE Montant de cette planche est le premier du mouvement de la sonnerie, & le
troisiéme depuis le Cadran, il se met au point
9 de la Plaque inferieure, & au point R de
la superieure. Il est fait comme une croix, &

eſt percé en ſa hauteur en quatre endroits, comme vous voyez. A eſt pour y recevoir un bout de l'arbre de la grande roue. F pour celui de ſa roue moyenne. E pour l'arbre de la troiſiéme, & D pour l'arbre du moulinet ou éventillon.

Le trou C eſt pour y recevoir le bout de l'arbre à cinq bouts, figure A, planche huitiéme, & celui de B eſt pour y placer le bout de l'arbre auquel eſt la queue du marteau A, 3, 4, planche dixiéme. Ces deux arbres ſont quarrez ſi vous voulez. Si vous voyez le bout C échancré, c'eſt pour donner paſſage au bras G, de la figure B, planche huitiéme.

Explication de la Planche cinquiéme.

CE Montant eſt le quatriéme depuis le Cadran, & le ſecond du mouvement de la ſonnerie, il ſe place aux points 8, de la plaque inferieure, & au bout de la mortaiſe A, de la ſuperieure : il eſt fait auſſi comme une croix, & eſt percé en cinq endroits dans ſa hauteur. Le 1. eſt pour y recevoir l'autre bout de l'aiſſieu de la grande roue : 3. eſt pour celui de la ſeconde : 4. pour la troſiéme : & 5. pour l'arbre du moulinet. Le 2. eſt quarré, ſi l'on veut, pour y placer & river le piton rond, figure 11. qui ſert d'aiſſieu à la roue de compte ou roue à écran, planche septiéme. Cet aissieu est donc fixé & est tourné du côté de la plaque du fond de la Cage, puisqu'il est rivé du côté du montant.

Le bras 7 & 8 doit être placé sur vôtre gauche, comme j'ai dit. Le trou 8 est pour y recevoir l'autre bout du petit arbre quarré du bâton à cinq bouts dont j'ai parlé aussi ci-dessus, & celui de 7. est pour l'autre bout du bras G, de la figure B, dont j'ai encor parlé.

Les tenons D, o, 9 & G desdits montans parlent assez d'eux-mêmes, sans en donner la maniere de les faire, aussi-bien que le bas desdits Montans.

Explication de la Planche sixiéme.

LA distribution des deux Plaques étant faites comme ci-devant, on fait celles des Montans aussi en donnant une certaine grandeur, par exemple, pour la grande roue, puis pour la seconde, ensuite pour la troisiéme, & enfin pour le bas de l'arbre de la roue de rencontre, y compris la grosseur à quelque chose de prés des lanternes ou pignons. Aprés cela vous donnez à chaque roue un certain nombre de dents, comme par exemple à la grande roue du premier mouvement je lui en donne 64, & à son pignon 4, à la seconde 60,

a ſon pignon 8 : a la troiſiéme 60 , & à ſon
pignon 6 : Ainſi je les coupe avec la lime à
couteau , ou autre , ou avec une ſcie à main,
qui eſt ce qu'on appelle ordinairement gohine,
(la meilleure eſt faite d'un reſſort de Montre,
que vous dentez en la maniere d'une ſcie à
ſcier du bois de long) & cela aprés les avoir
bien juſtement diviſez avec le Compas , ou,
& mieux , par la Platte-forme : Outre que
c'eſt bien plûtôt fait , c'eſt que la diviſion en
eſt bien plus juſte , ſuppoſant que ladite Platte-
forme ſoit bien tracée.

Sur tout en coupant ces dents , faites qu'elles
tendent toutes au centre de la roue , la con-
ſequence en eſt toute évidente d'elle-même.

Que ceci ſoit dit ſeulement pour les roues
premiere , ſeconde & autres pareilles , c'eſt-
à dire des rouës qui ont leurs dents à leurs
circonferences majeures tendantes à leur centre : Car ce n'eſt pas de même à la rouë
troiſiéme ni à la rouë de rencontre ou autres
ſemblables , qui ont leursdents paralelles à
leurs arbres.

On donne toûjours un nombre impair à la
rouë de rencontre , comme 13 , 15 , 17 , 21 ,
&c. J'en donne 15 à celle-ci , & à ſon pignon
6. On lui donne le nom de rencontre , parce
que ſes dents rencontrent effectivement les
pallettes du Ballencier , ou queuë du marteau

pour un Reveil ; ce qui fait que le mouvement va doucement, felon la pefanteur de la
Pendulle ou poids.

La Rouë 42 eft pleine & s'engrenne dans
le pignon 4. de la grande rouë par le deffus :
Son fommier eft le même qui porte l'éguille
du Cadran. Contre cette rouë on met la rouë
de douze, dentée à la maniere que vous la
voyez dans cette planche. Celle-ci eft un peu
plus petite que l'autre cortre laquelle elle eft
pofée, afin que le déclic, ou pied de chévre
C, planche huitiéme, s'engrennant dans ces
longues dents ne nuife point à la rouë 42, &
le puiffe lever facilement.

Remarquez que la rouë douze eft fixée fur
fon aiffieu & peut-être quarré, mais le refte de cet aiffieu eft rond, pour paffer au travers du centre (auffi rond) de la rouë 42 ;
contre laquelle roue 42. vous mettrez la platine Z, planche feptiéme vidée comme vous
la voyez, pour contenir cette roue 42. contre
celle de douze. Pour arrêter cette platine Z
ainfi, vous faites une échancrure ou hoche
aux deux côtez de l'aiffieu feulement de l'é-
paiffeur de cette platine, puis vous l'y ajoû-
tez, la pouffant jufqu'à fon centre ; par là
le tout fera arrêté, & fur cette platine vous
pofez la figure de lozange Y, qui eft dans la
même planche feptiéme, y ayant foudé un

canon à ſon centre , ce canon doit aller juſque contre la plaque du Cadran.

Un bout de cet aiſſieu doit entrer dans le
trou 6. du premier montant, planche troiſiéme , & l'autre bout doit être quarré pour y
placer l'éguille dudit Cadran qui eſt retenu par
une petite goupille.

Où il y a poulie ou lozange, pour l'ordinaire on y met un canon court ou long , ſelon l'endroit où elles ſont placées, & la plûpart ſont retenues par des virolles , ou petits
annneaux de fil de fer , ou de cuivre.

Explication de la Planche ſeptiéme.

ENtre les deux derniers montants , ſont
trois principales roues , & toutes ſont pour
la ſonnerie , à la plus grande roue marquée A,
je donne 64. dents & à ſon pignon 4. Sur la
largeur de ſa circonference ; un peu au deſſous
des dents , vous ferez 8 petits trous également diſtans, pour y mettre à tous des petits
pitons longs environ de deux coups de ligne.
Quand la Roue roule ces pitons rencontrent le
bas de la queue du marteau , & le fait ſonner
l'heure contre le Timbre.

Il doit avoir à l'aiſſieu & contre cette roue
une poulie , comme j'ai dit ailleurs ; par conſequent l'aiſſieu doit être rond , excepté le lieu

où doit être la roue, que je trouve pour plus
à propos toûjours quarré, fur tout aux grandes roues, non-feulement à caufe des poids
que leur arbre porte, mais encore parce qu'elles fouffrent davantage que les autres qui n'en
ont point. Je trouve auffi qu'étant vidées
comme celle-ci, les croifées en font plus propres & la roue en eft plus legere : d'où il s'en-
fuit qu'elle eft plus facile à mouvoir.

Je donne à la Rouë moyenne foixante dents
& à fon pignon huit. Je l'ai vidée en triangle
& percée dans fon centre en rond, parce
qu'elle ne fouffre pas beaucoup. Un peu au
deffous de fes dents on y ajufte une partie de
Cercle large environ d'une ligne ou plus. Cette
partie de Cercle fert à porter le bras du déclic a, du bâton à cinq bouts, figure A,
planche huitiéme. Cette partie de Cercle doit
fermer environ les trois quarts de la roue,
pour donner le loifir à la petite roue 36, 6.
de faire environ un demi tour pour l'avertif-
fement.

Cette petite roue 36, 6. eft la troifiéme de
ce mouvement, divifée en trente-fix dents &
un pignon de fix aillerons, qui s'engrennent
dans les dents de la feconde roue 60; prés du
bas de fes dents fur fa circonference large
vous y ferez un petit trou pour y river un petit piton long environ d'un coup de ligne, ou

de deux au plus, pour qu'il puisse rencontrer
la pallette, a, de la figure D, P, planche huitiéme, ce qui l'empêche de tourner davantage jusqu'à ce que tout le déclic soit plus levé,
pour lors cette rouë tourne tout à fait, & tout
le mouvement de la sonnerie aussi. Cette
troisiéme rouë s'engrenne dans le pignon B.
du moulinet, & elle est pleine comme vous
la voyez dans cette planche ici.

La figure D de cette planche est la rouë de
compte, ainsi appellée par les Ouvriers, parce
qu'on compte les heures lors qu'elle tourne;
elle a dix écrans de la grosseur du crochet
qui tombe dedans, ou par à côté, ou par dessus. L'onziéme est deux fois au moins plus ouvert, ou environ, parce qu'à la douziéme
heure ce crochet y tombe & à une heure aussi;
à deux heures ce crochet tombe dans le suivant, dont la distance est fort petite, & croît
à mesure que l'heure augmente jusqu'à douze.
Au centre de cette rouë on fixe la rouë 39.
par trois rivets, dont les trous sont marquez
sur l'une & l'autre rouë; elles ont un même
aissieu, figure 11, planche cinquiéme, qui est
rivé ou fixé au point 2. du montant 9, 10,
de la planche cinq, & cette rouë 39. s'engrenne dans le pignon 4. de la grande rouë
de ce mouvement. Ces deux rouës sont ar-
rêtées sur leur arbre rond par la platine o.

vidée ainsi que vous la voyez dans cette planche septiéme, que vous placez dans les petits
écrans faits aux deux côtez de l'arbre.

Explication de la Planche huitiéme.

LA figure A de cette planche, est ce que
j'appelle bâton à cinq bouts a , e , F &
p, q. Tous ces cinq bouts servent comme vous
allez voir. p, q, sont les deux bouts ou pivots
de l'aissieu, sur lequel est fixé le petit bras qui
porte le crochet, a, vers son bout limé en bizeau, comme vous voyez sur ce petit bras :
proche l'aissieu est fixé un autre crochet, mais
plus large que le premier, dont le bout e tombe dans les écrans de la roüe de compte, &
l'autre bout de ce bras croisé sur le petit bras
du premier crochet, comme jusqu'en F. Ce
dernier bout F sert à faire lever les deux crochets ou les deux autres bouts a, e , puisque
le tout ne fait qu'une machine, dont le pivot
p se met au trou 8 du bras du montant 9 , 1 0,
de la planche cinquiéme , & le pivot q se
met au trou C du bras du montant G H, de
la planche quatriéme , & le crochet a roule
sur la portion de Cercle qui est appliqué contre la roüe 6 0 , 8 , de la planche septiéme lorsqu'elle tourne , &c.
La figure B est ainsi faite comme vous la

voyez pour porter le bras P , D , au bout du quel eſt une petite pallette d'équairre ſur ſon bras. Cette pallette étant en ſon lieu rencontre le petit pivot qui eſt à la roue 3 6 , 6 ,(dont nous avons parlé)lors qu'elle trourne ; mais le rencontrant, cette roüe s'arrête avec un petit bruit, ce qu'on appelle l'avertiſſement qui ſe fait ordinairement vers les trois quarts de l'heure ſi on veut.

Remarquez que j'ai coupé ce bras , dont un bout paroît ſur celui G , P , de la figure B, dont le pivot ou le bout eſt placé à un trou que vous ferez à la plaque du fond de la Cage, dont je ne donne point ici de modelle, parce que la choſe eſt ſi facile que le moindre Ouvrier la concevra facilement. L'autre pivot ſ, ſe met au trou F , du bras du montant P , de la planche troiſiéme , qui eſt le premier du côté du Cadran ; à côté de ce pivot F vous y menagez un quarré pour y placer un pareil trou que vous voyez à la figure C , qu'on apelle pied de chévre ; le bout duquel eſt preſque pointu pour engrenner dans les dents de la roue douze , planche ſixiéme : de ſorte que par cet engrennement cette roue à meſure qu'elle tourne fait lever ce pied de chévre peu à peu , par-conſequent la pallette , a , qui eſt au même arbre, & cet arbre touchant un peu la petite queüe F du bâton à cinq bouts , fait

lever auffi peu à peu les autres crochets dudit
bâton à cinq bouts. Enfin tous ces arrêts é-
tant levez, tous les mouvemens marchent &
l'heure fonne : mais ce mouvement feroit trop
précipité s'il n'y avoit quelque chofe qui
le diminuât, c'eft pour cela qu'on ajoûte à
ce mouvement un éventail qu'on nomme vul-
guerement Moulinet : on le fait à la volonté,
c'eft-à-dire, ou maffif, comme celui-ci, ou a
ailons, quelquefois croifés, felon la force du
mouvement. A l'aiffieu de cet éventail je lui
donne un pignon de 6. qui s'engrenne dans
les dents de la roue 36, 6. planche feptiéme,
ce 6 aprés 36. veut dire ce pignon dont je
parle. Les pivots de cet éventillon fe mettent aux points D, & 5. des montans des
planches quatre & cinq.

Explication de la Planche neuviéme.

Dans cette planche, font les trois chevalets
pour porter & foûtenir le Ballencier. A &
C, font pour mettre aux bouts E, F de fon
arbre qui porte les deux pallettes 2. & 3. qui
s'engrennent dans les dents de la roue de rencontre. Les trous 1. & 2. font pour y faire
paffer des viffes, & fe placent aux mêmes points
qui font marquez fur la plaque fuperieure,
planche feconde. Celui B, eft pour foûte-

nir le bout du haut de l'arbre de la roüe de
rencontre au point 3. il eſt échancré dans le
milieu comme vous le voyez pour donner paſſage à cette roüe. Tous les petits points, A,
ſont marquez pour y mettre des petites pointes ou autrement, ſi vous voulez, la choſe
eſt à vôtre choix.

La figure O, eſt une eſpece de reſſort fait
comme une moitié d'un Arrache-poil, il fait
l'office d'un reſſort en renvoyant la queuë du
marteau quand il frappe le Timbre. Le bas
P. ſe place dans le trou quarré 2. de la plaque
inferieure, planche premiere, & y eſt retenu
par l'écrou mis à coté de ladite Figure, ſa
longueur eſt depuis la plaque juſque contre
l'aiſſieu qui porte le marteau.

Explication de la Planche dixiéme.

LA Figure A, eſt le marteau avec ſon
manche ou queuë pour frapper les heures, dont le bout A, doit être aceré. Le bout
de ladite queue eſt fixé ſur un arbre 3, 4 quarré, dont les pivots ſont mis dans les trous B,
& 6. des deux montans, planche quatre &
cinquiéme, à cet arbre eſt auſſi fixé un petit
bras coudé pour aller chercher les pitons qui
ſont à la grande roue de la ſonnerie : Cette
roue tournante avec ces pitons rencontre le
bout

bout de ce bras coudé, le fait baiffer, en même-tems le marteau s'éloigne de la cloche & la frappe lorfque ce bout quitte le piton de la rouë, ce qui continüe tant que la roue tourne. La longueur de ce bras n'eft pas proportionné ici, je laiffe à l'Ouvrier à lui donner fa longueur & largeur qu'il connoîtra en travaillant. E, F eft l'arbre du Ballencier, avec fes deux pallettes 2, 3 qui ne font pas auffi proportionnées dans leur éloignement : car elles doivent être éloignées l'une de l'autre (c'eft-à-dire leur milieu) du diamettre de la roue de rencontre à laquelle elles s'engrennent, & leur longueur doit être un peu plus que celle des dents de ladite roue. Le pivot F fe met au point Q, du chevalet C, & celui de E au point Q, du chevalet marqué par A : à l'arbre de ce Ballencier eft fixé un bout de la verge qui fait la Pendulle, & l'autre bout eft viffé pour y pouvoir ajoûter une petite boulle qui hauffera & baiffera en la tournant, afin d'avancer ou reculer le mouvement de l'heure, car c'en eft la bride ; & la figure G eft ainfi faite pour empêcher la queue du marteau de trop reculer, & fait l'office de reffort, fon bout fe place au trou quarré F, de la plaque fuperieure, & y eft retenu par fon écrou, que vous mettez par deffus ladite plaque fuperieure.

G

Explication de la Planche onziéme.

L E Cercle **A**, eſt la grandeur exterieure
du timbre, au haut duquel vous faite un
trou quarré pour paſſer ſon ſoûtien, que vous
arrêtez par un écrou, que vous ferez ſi vous
voulez au bout d'une petite piramide, ou autrement, ſelon vôtre goût.

La figure B, eſt une croiſée que vous coupez dans un morceau de cuivre aſſez longue
& mince, pour que les bouts puiſſent aller
trouver le haut des quatre colomnes ou pilliers de la Cage de l'Horloge : Il lui faut
faire prendre la forme du timbre, ſans pourtant le toucher, en pliant les quatre branches de cette croiſée, au bout deſquelles l'on
mettra des petites pointes qui entreront dans
des petits trous qu'on fera au haut deſdits
pilliers.

Explication de la Planche douziéme.

R Eſte à faire le Couronnement de la Cage, ce que je vous vas faire voir dans
l'exemple ſuivant.

Ce Couronnement eſt compoſé de trois
pieces principalles, comme eſt la figure de
cette planche. Vous les percez à jour avec la

lime , leur donnant telles figures que vous
voulez , & cela en modelle de plomb , que
vous envoyez au Fondeur , ayant menagé au
bas deux petites oreilles comme est celui-ci,
que vous pliez ensuite en équairre pour les paffer tous les trois sur les côtez de dessus la plaque
superieure de la Cage aux points 9 , 6 , p , q
& u , vous les y faites tenir par des villes à
têtes fendues , il ne s'en met point derriere ,
ainsi il n'en faut que trois. Enfin vôtre Horloge est faite si vous y avez mis des poids de
plomb.

Pour sçavoir le poids que doit porter l'Horloge que vous faites , il faut mettre dans un
sac de toile des balles de plomb ou du sable
assez pour la faire marcher pendant huit à
quinze jours ; puis vous peserez & fon-
drez la même quantité de plomb , même
un peu plus que moins , parce que si ce poids
est un peu trop pesant , vous en rappez le
trop , &c.

Dans cette planche la figure A vous represente les dents que l'on fait sur les grandes &
moyennes roues , c'est-à-dire celles qui tendent
aux centres dont nous avons parlé. Et B vous
represente celles des roues de rencontre , pour
faire connoître aux jeunes Ouvriers la diffe-
rence de ces dents, qui ne sont pas à la verité
ici dans leurs justesses exactes , comme elles

le doivent être dans l'Ouvrage ; mais à quelque chose de prés.

Celles de A vous paroissent comme vous paroissent celles du haut de la grande roue quand elle tourne , & si vous pliez autour d'un bâton tourné bien rond la bande B , les dents vous paroîtront en haut comme sont celles d'une roue de rencontre lorsqu'elle est placée.

Explication de la Planche treiziéme.

C'Est un Cadran horisontal qui est dans cette planche , fait pour la Ville de Roüen , ou tout autre lieu qui a son Pole boreal élevé de 49°, 30'. Je sçai que quelque Auteurs ne lui donnent que 49°, 27' ; mais les 30 minutes que je lui donne de plus , comme beaucoup d'autres , n'empêcheront pas que ledit Cadran ne soit d'une assez grande justesse : je l'ai tracé selon les regles des Sinus de Davity , dont je donne une Table que tout homme pourra suivre pour faire un autre Cadran sur l'ardoise ou carreau de Caën bien unis & polis.

Pour le faire , tirez une ligne justement dans le milieu de vôtre ardoise ou carreau de Caen, qui sera la ligne de douze heures. Ensuite choisissez un point sur cette ligne pour le centre dudit Cadran, comme vers les deux tiers de la ligne, par où vous tirerez une ligne d'équaire qui fera celle de fix heures : tout cela avec un crayon rouge ou noir, legerement, pour ne rien gâter. Puis faites un demi-Cercle dudit centre, & ce à volonté, grand ou petit, ou comme eft celui que vous voyez pointillé dans la figure, dont vous diviferez la moitié en 90° par la Regle que je vous ai donnée dans l'Abregé de Geometrie.

Enfin, ayez recours à la Table que j'ai mis dans la planche quatorziéme, vous y trouverez pour une & onze heures 11°, 31'. Vous tracerez une ligne du centre par ce nombre qui eft fur le quart de Cercle que vous avez divisé en 90°, portez auffi cette diftance de l'autre côté de la ligne de douze heures, & vous aurez une & onze heures, anifi des autres.

Il faut maintenant faire l'éguille de ce Cadran pour montrer les heures. Tirez d'abord la ligne A, B, planche quatorze, fur un morceau de cuivre, & A, C d'équairre à cette ligne A, B, puis d'un point à volonté, comme B, vous ferez une partie de Cercle auffi à volonté, comme celui D, E, fur ce Cercle comptés 49°, 30' du point D, & tirez une autre ligne du point B : par ce point 49°, 30' qui coupera la ligne A, Œ au point C, coupez

& limez proprement le long de ces trois lignes , obfervant une certaine longueur au
deffous de celle de A, c , comme vous voyez
à la figure ; ce plus eft pour mettre dans
la fente que vous ferez le long de la ligne de
douze heures ou midy, pour l'y fouder avec
du plomb fondu ou du maftic fait avec la
poudre de tuille, un peu de cire , de la poix
de Bourgogne & du fouffre , que vous ferez
fondre , mêlant bien le tout enfemble ; puis
vous le coulerez dans ladite fente , & ce tout
chaud. Obfervez que l'éguille foit bien d'é-
quairre de tous fens fur la furface du Cadran.

Mais ce n'eft pas affez que d'avoir un Cadran , il faut fçavoir l'orienter , ou le placer
felon les quatre parties de l'horifon, qui font le
Nord & le Midy, l'Orient & l'Occident, ou
le lever & le coucher du Soleil. Pour le faire
il le faut mettre bien uniment, c'eft-à-dire
qu'il ne panche point plus d'un côté que de
l'autre , & cela par le moyen du niveau que
l'on peu faire avec une équairre à un bras,
de laquelle vous tirerez une ligne d'équairre
à l'autre bras qui doit pofer fur le Cadran.
Au haut de ce premier bras vous mettez une
ficelle & un poids au bout de cette ficelle.
Quand cette ficelle tombera le long de la ligne que vous avez fait à ce bras , vôtre é-

quairre étant posée sur ledit Cadran, pour
lors vous pouvez dire que le Cadran sera ho-
rifontalement placé & non pas encore orienté.
Pour y reüssir n'y touchez point que legerement, en faisant ce qui suit.

Faites un ou plusieurs arcs de Cercles du
pied de l'éguille, qu'on apelle le Style; & prenez garde le matin quand Soleil luit l'endroit
où le bout dudit Style est sur un de ces arcs
de Cercles. Faites cette remarque aussi l'a-
prés midy du même jour, & faites une petite
marque avec une pointe fine sur ce même Cercle où l'ombre du bout du Stile sera,
puis divisez Ces distances justement par le milieu, d'où vous tirerez une ligne legerement
au pied du Style. Le lendemain ou quelques
jours aprés, remarquez quand l'ombre du
Style viendra sur cette ligne, pour lors il sera
midy. Ainsi tournez le Cadran en sorte que
l'ombre de tou e l'Eguille couvre tout à fait
la ligne de 12 heures de vôtre Cadran; &
il sera bien orienté, c'est-à-dire que le midy dudit Cadran sera tourné justement au
Midy, son opposé au Nord, la ligne de 6
heures du soir sur vôtre gauche sera au vrai
Orient, & la ligne de 6 heures du matin sera
au vrai Occident ou coucher du Soleil le jour
des Equinoxes, qui arrivent vers le 21 Mars
& le 23 Septembre.

Maintenant pour regler l'Horloge ou Montre, prenez garde quand il fera midy fur vôtre Cadran, vous mettrez l'éguille du Cadran de vôtre Horloge auffi fur 12 heures. Voilà ce qu'on fait ordinairement. J'efpere montrer une aurtefois les raifons pour lefquelles on ne doit pas regler les Horloges ou montres fur les autres heures du Cadran.

SI vous voulez fouder un morceau de cuivre avec un autre de cuivre ou de fer, ayez environ une once de fufin, il fe vend chez les Droguiftes, elle vous coûtera trois ou quatre fols, & en mettez un peu avec du borax fur l'endroit que vous voulez fouder, aprés les avoir bien liez enfemble avec du fil d'archal, mettez-les au feu de charbon ardent, les morceaux fe fouderont enfemble.

Claude Maintru ruë aux Juifs à Roüen, grave fort proprement les Cadrans & les autres pieces d'une Horloge.

J'ai remarqué que les poids que l'on fait ordinairement aux Horloges de gros volumes s'arrêtent fouvent l'un fur l'autre, parce qu'ils ont des bouts quarrez. Pour éviter à ce défaut je trouve qu'il eft meilleur de les faire en cones ou pointus par les deux bouts. Pour ce faire, faites tourner un bâton par un Tourneur gros par le milieu & pointu par les deux bouts d'une certaine capacité pour pouvoir contenir le poids de plomb que vous avez reconnu être neceſſaire pour les mouvemens en particulier. Sur ces moules tournez, pliez du carton deſſus une ou deux fois, prenant la figure du moule ou la moitié seulement. Aprés avoir colé ce carton par les bords ſans tenir au moule, ſi ce carton eſt tout entier comme le moule, vous le couperez par le milieu pour l'ôter de deſſus ſon moule, puis joingnez les deux bas enſemble ou plus gros bouts, en collant du papier tout au tour pluſieurs fois ſi vous voulez. Quand il ſera ſec, faites une ouverture par un des deux bouts capable pour pouvoir verſer le plomb dedans, & mettez ce moule dans la cendre, ou du ſable, ou de la terre aprés les avoir un peu humectés, pour lors vous pouvez y jetter vôtre plomb, dans le bout duquel vous mettrez un crochet de fil de fer, le bout qui doit être dans le plomb doit être crochu, & vôtre poids ſera fait.

Si il eſt trop peſant, vous le pourrez diminuer avec la lime.

LA figure ſuivante A eſt aſſez parfaite d'elle-même pour vous faire connoître que c'eſt le modéle d'une des quatre collomnes dont j'ai parlé ailleurs, elle eſt vûë par les trois angles de ces deux ſynthes ou quarrés qui ſont deſſus & au deſſous de la colomne, on commence à les

fendre par un des angles jufqu'aux deux autres voifins de l'épaiffeur des deux Plaques
de deffus & de deffous du fond , le refte eft
fi facile à entendre, qu'il eft inutile d'en dire
davantage.

L'autre figure b , c , eft une lanterne ou
pignon que je fuppofe être de 8 aillerons ou
de 8 barreaux , felon la groffeur des ouvrages que l'on fait. Lés deux A , A montrent
les deux bouts qui entrent dans les montans
percés de pareille groffeur , & fur lefquels
roule la rouë qui eft placée à l'endroit & ri-
vée contre l'épaulement E , & B eft l'arbre
ou l'aiffieu de la rouë & de ladite lanterne
ou pignon , quand tout eft jufte enfemble.
On obferve un petit épaulement auffi au bout
du pignon pour qu'il ne frote pas contre
le montant en tournant.

Apres ces deux figures fuit la premiere planche des pieces qui compofent l'Horloge fon-
nante les heures.

Modelle d'un des 4 Pilliers ou Colomnes , vû par les
trois angles du Sinthe.

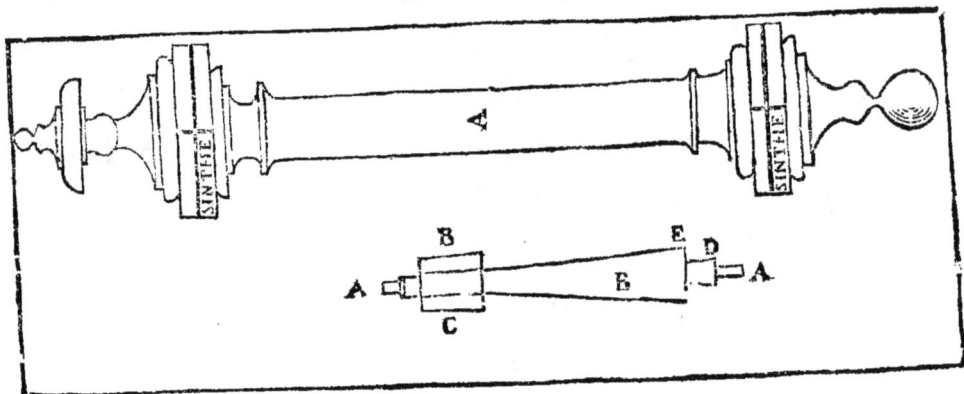

Arbre ou Aiſſieu , avec ſon Pignon de 8 aîlerons ,
dont on en voit 4.

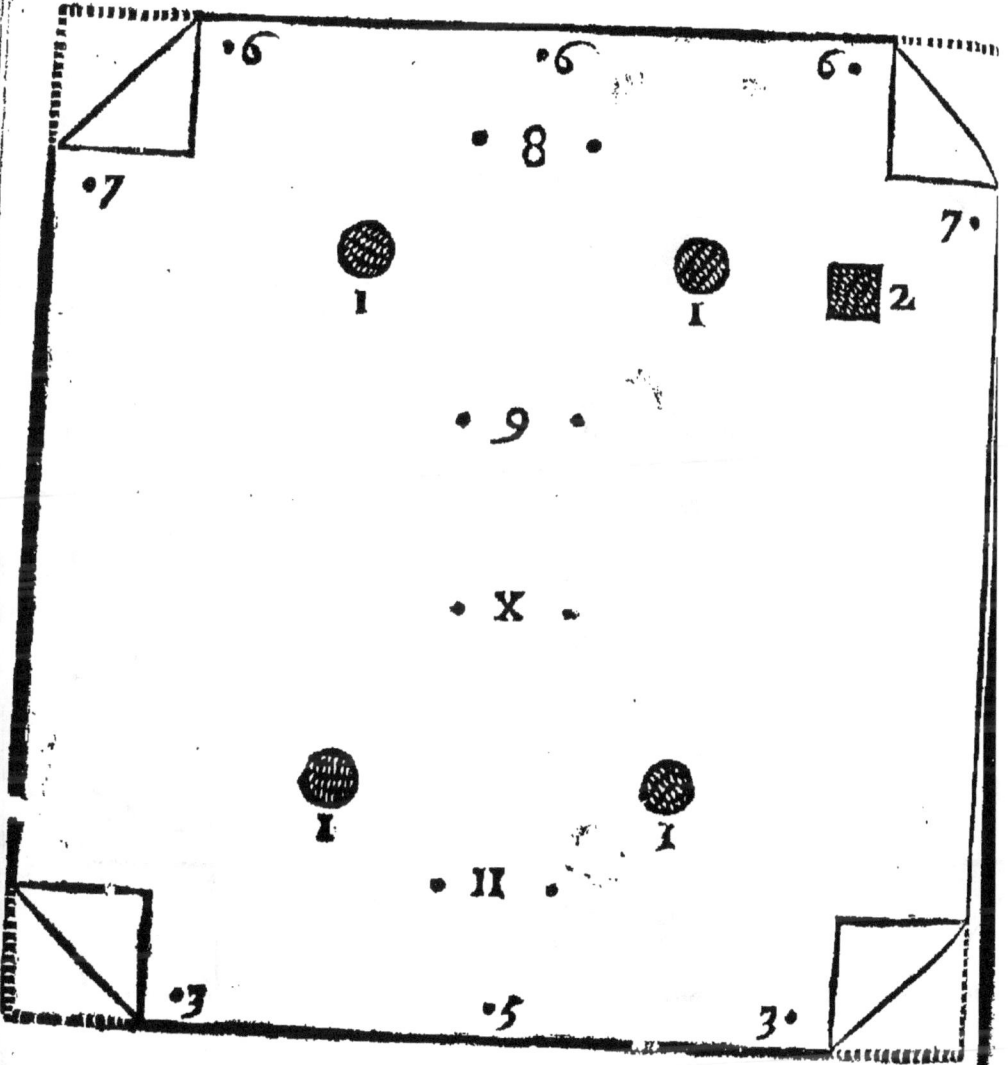

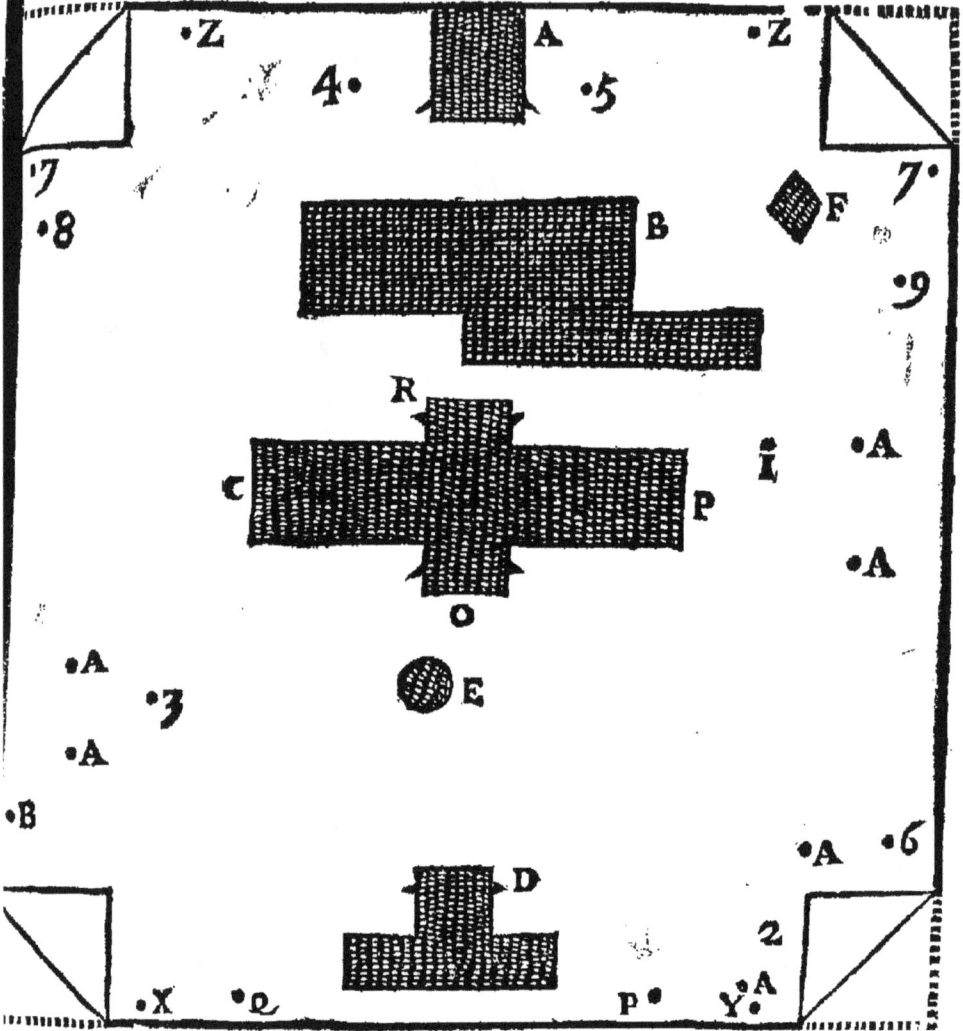

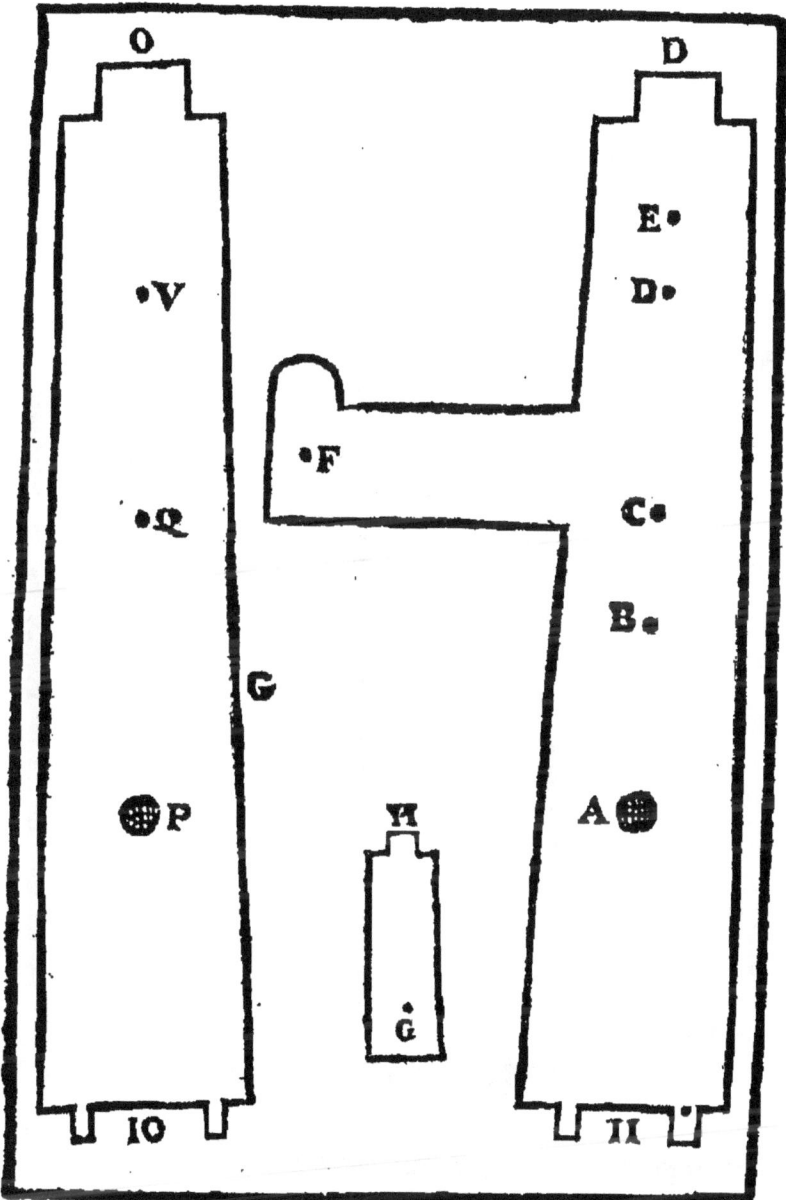

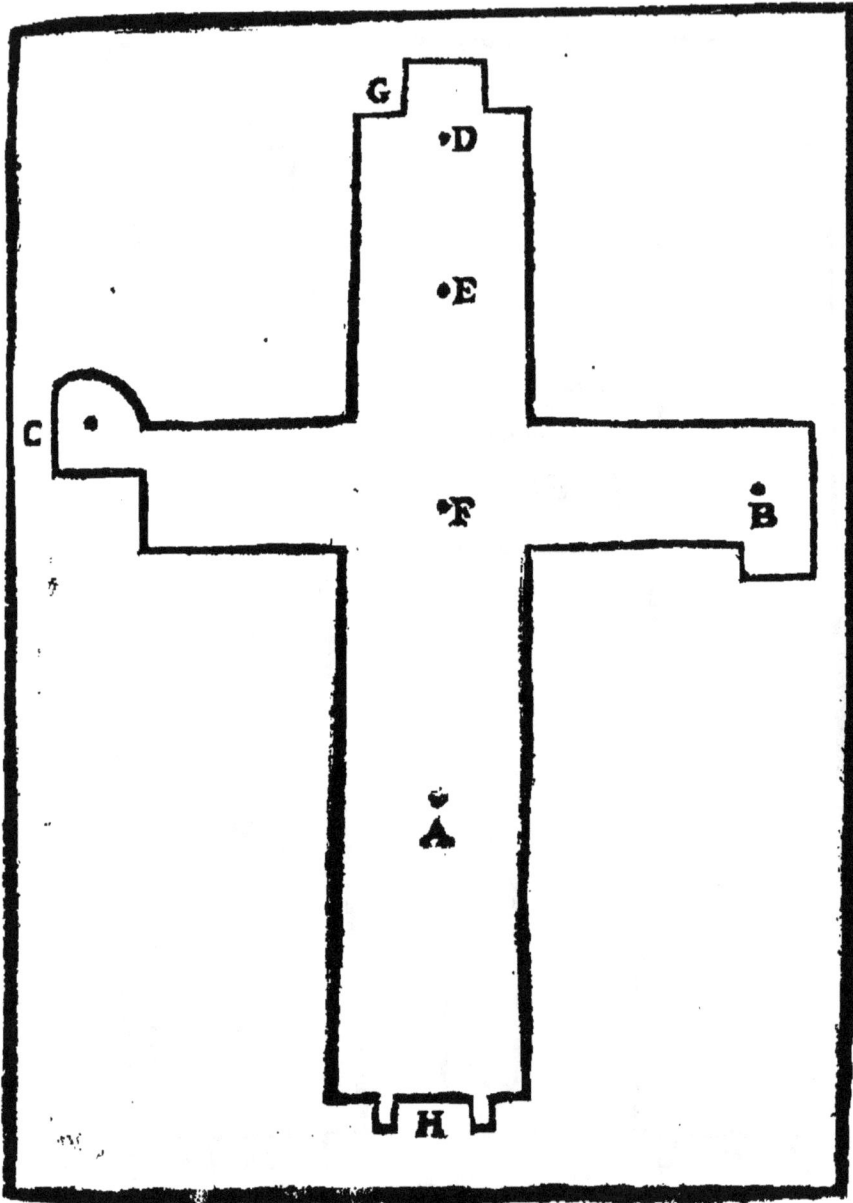

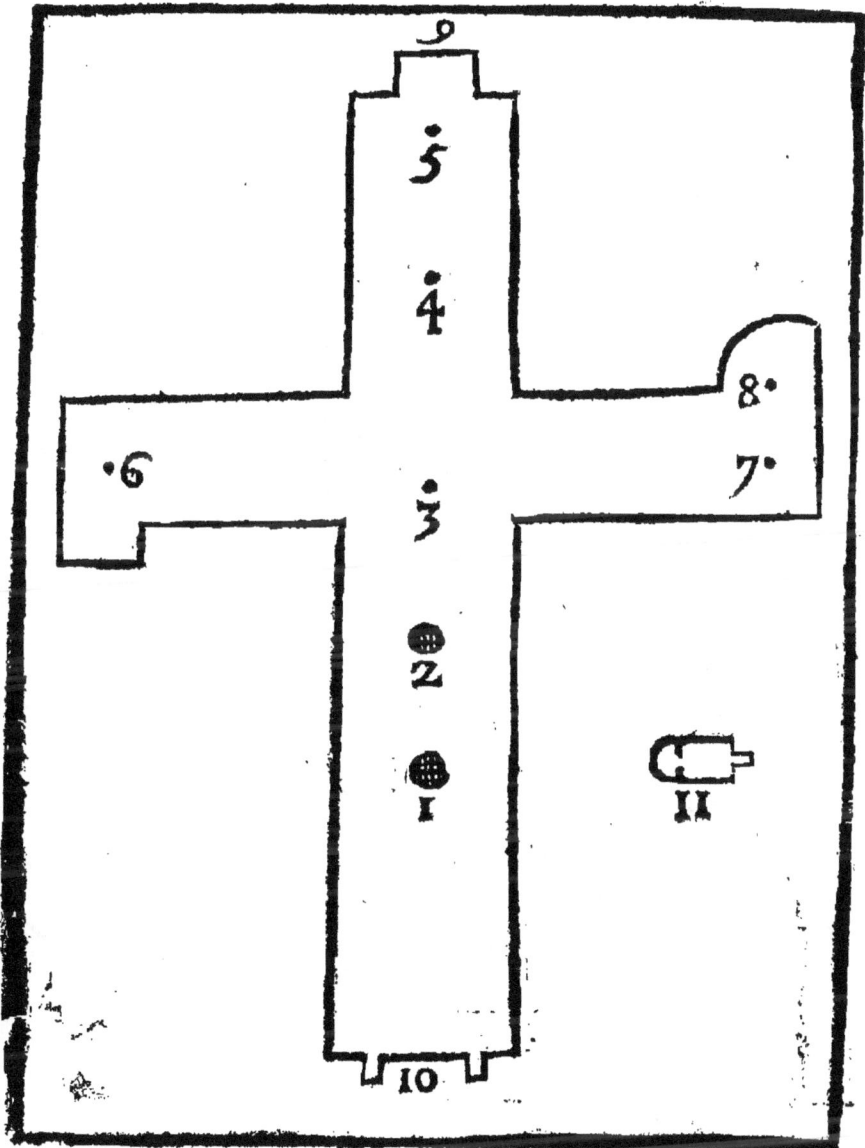

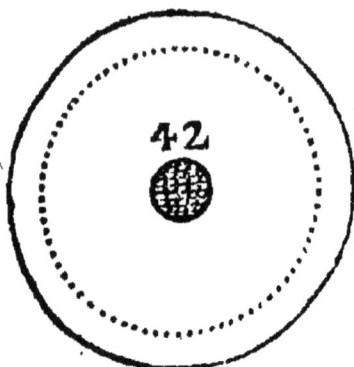

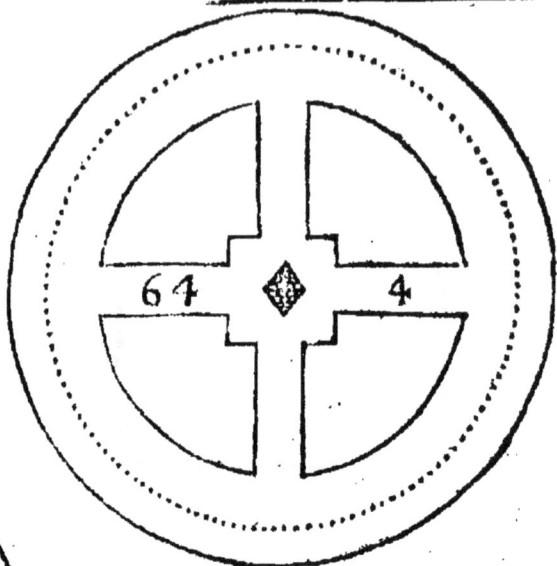

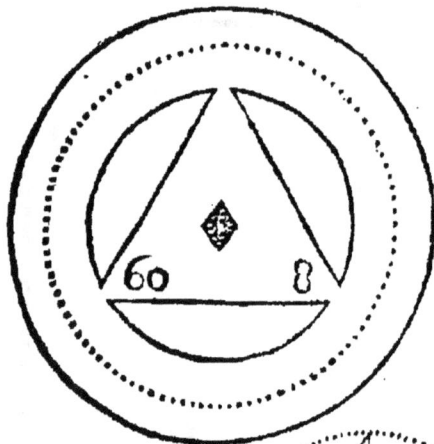

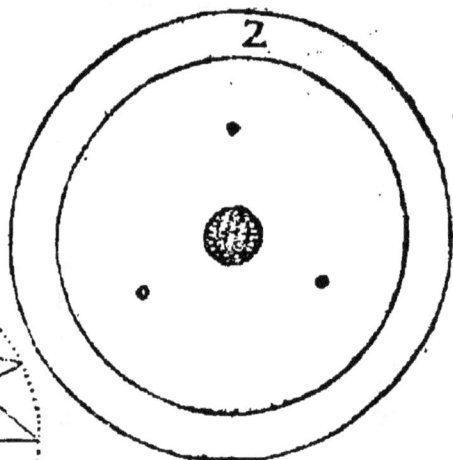

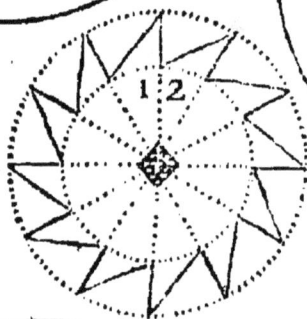

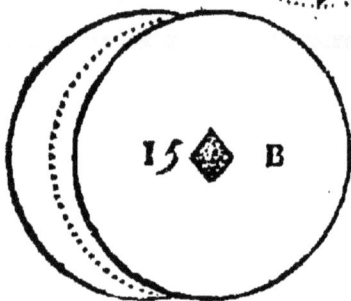

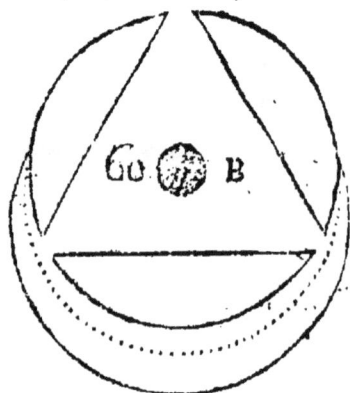

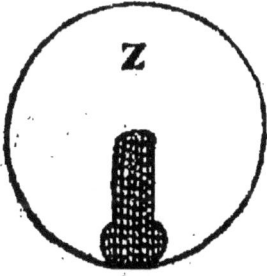

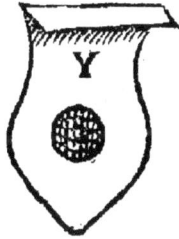

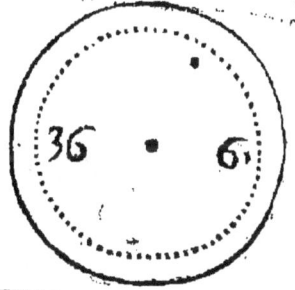

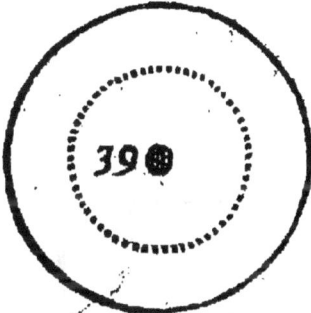

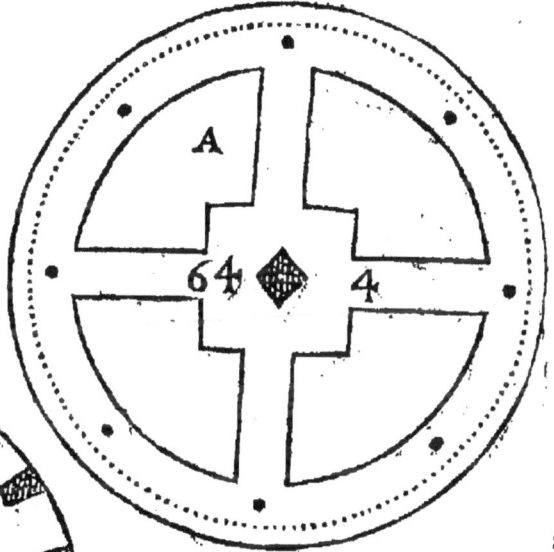

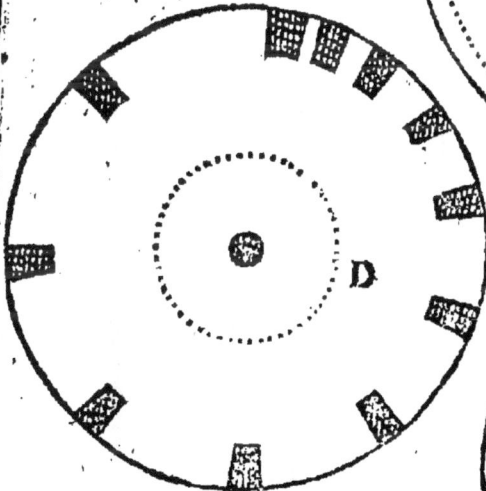

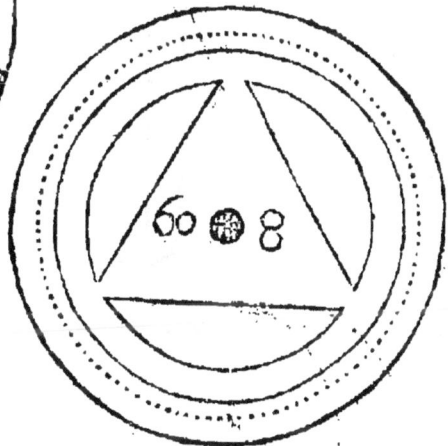

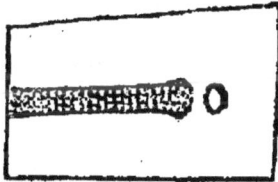

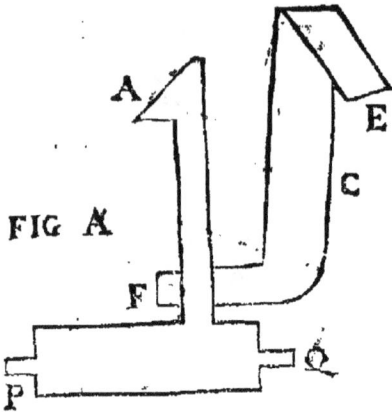

FIG A

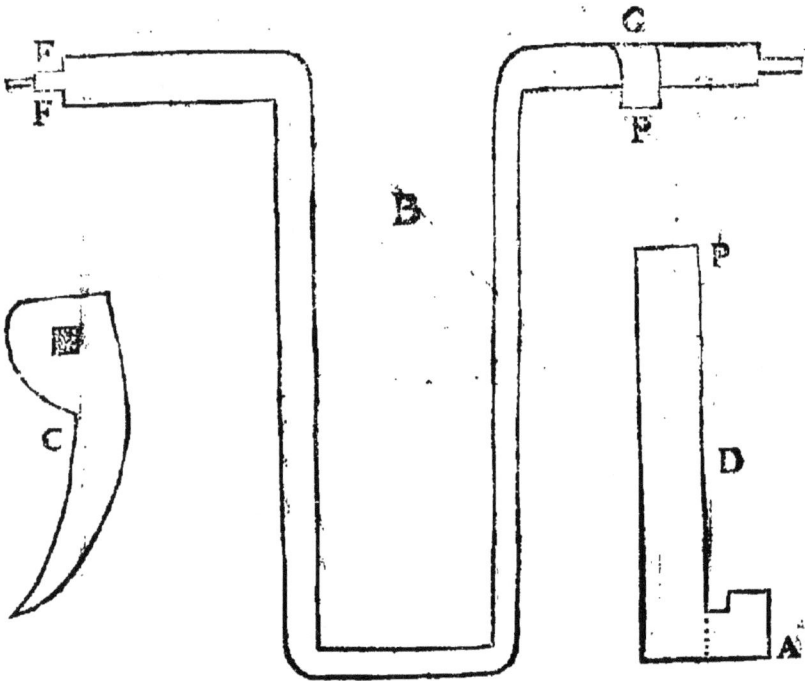

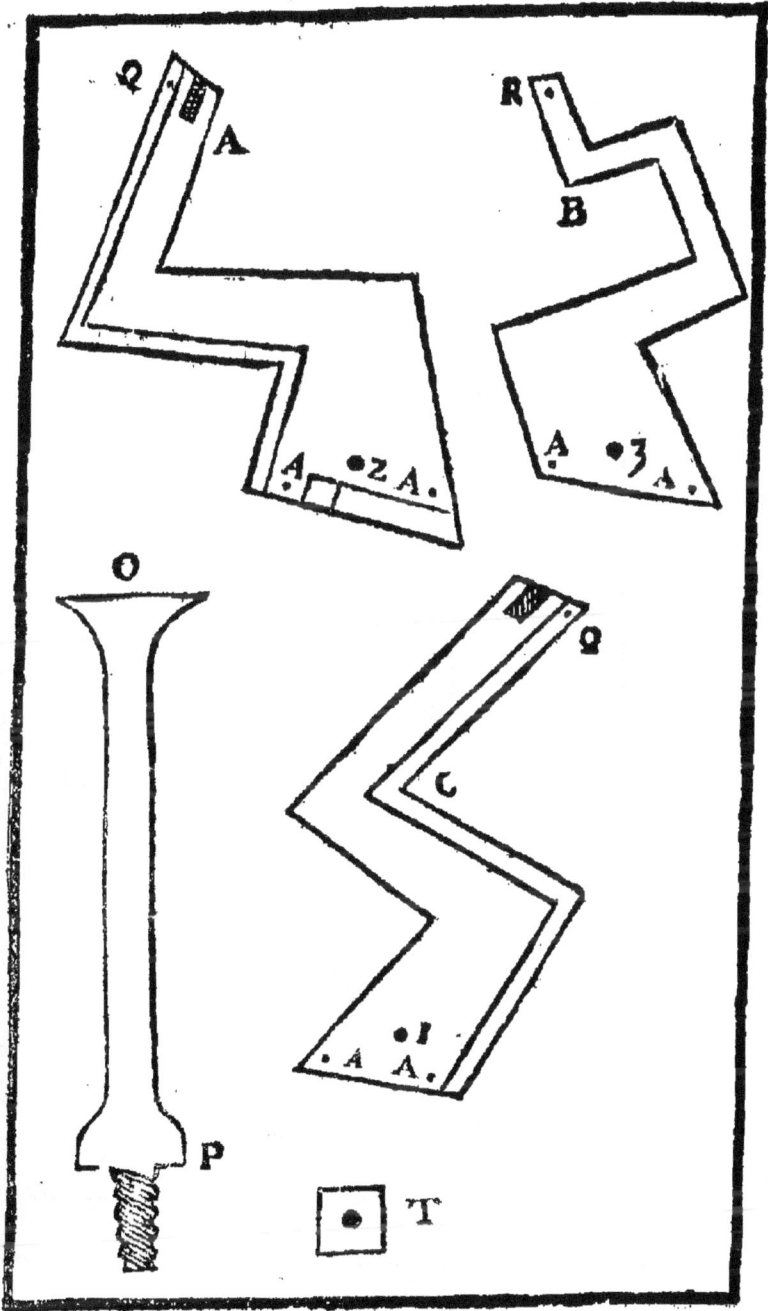

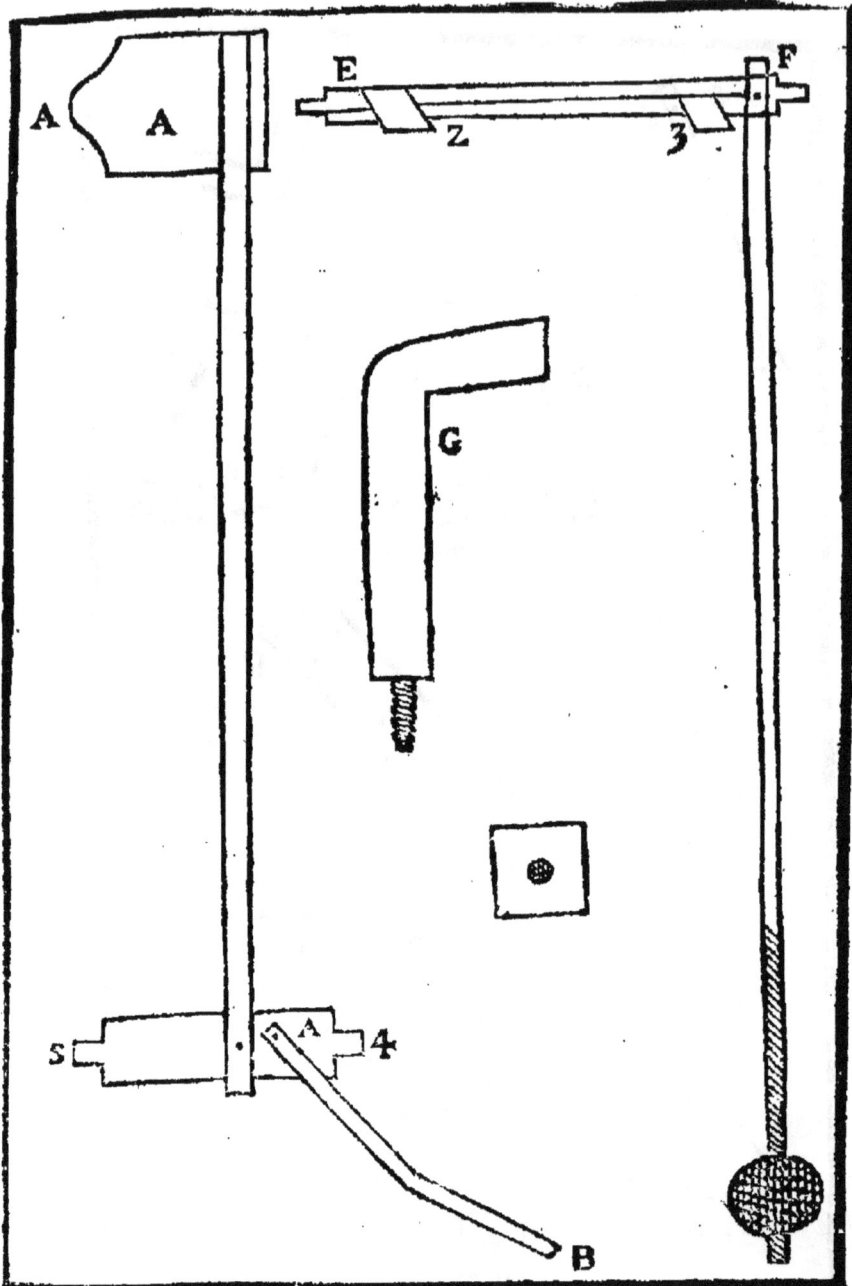

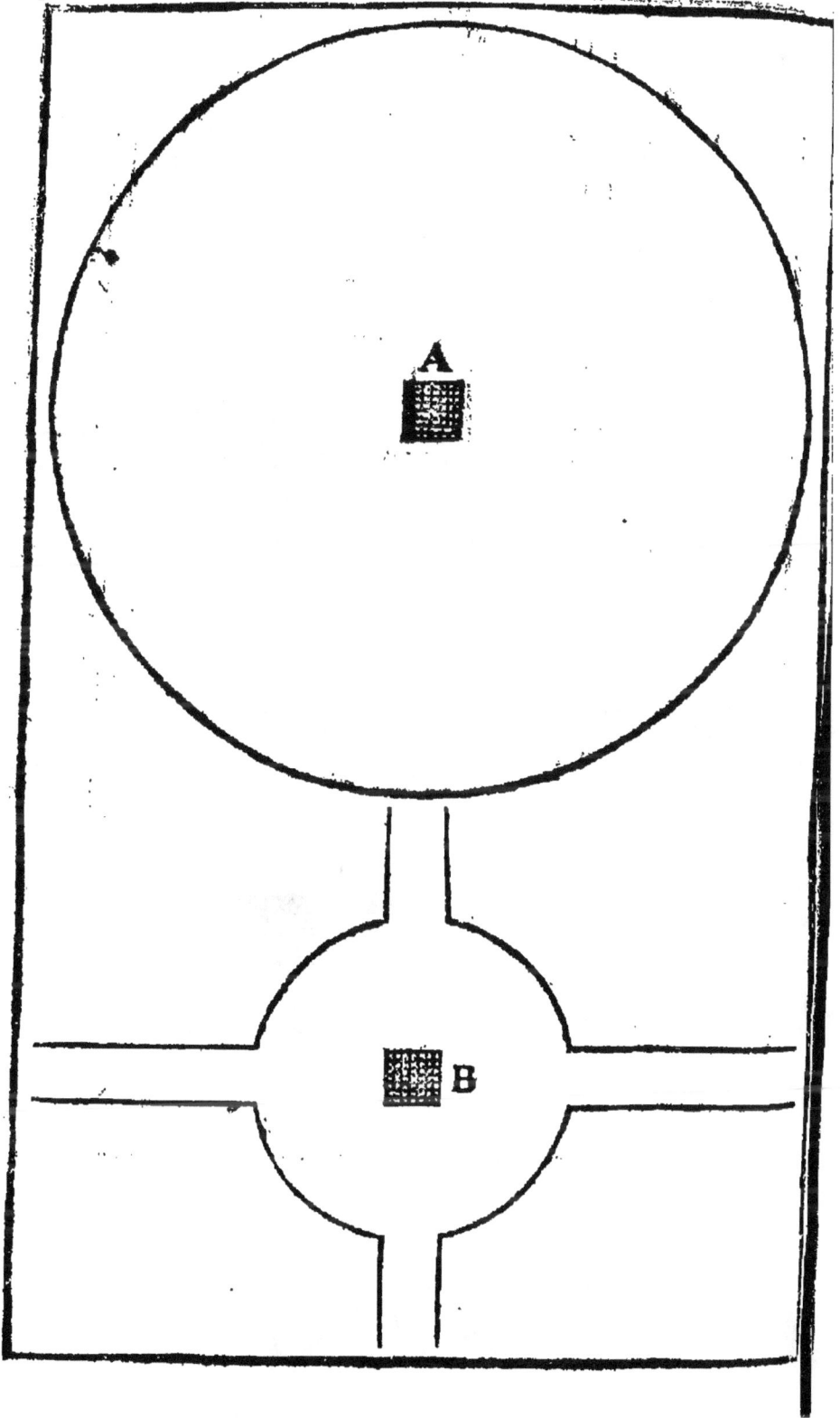

A

B

Cadran Horifontal pour l'élevation du Pole

VIII VII VI V IIII III II

VIIII V VI VII VIII XI

II I XII XI X

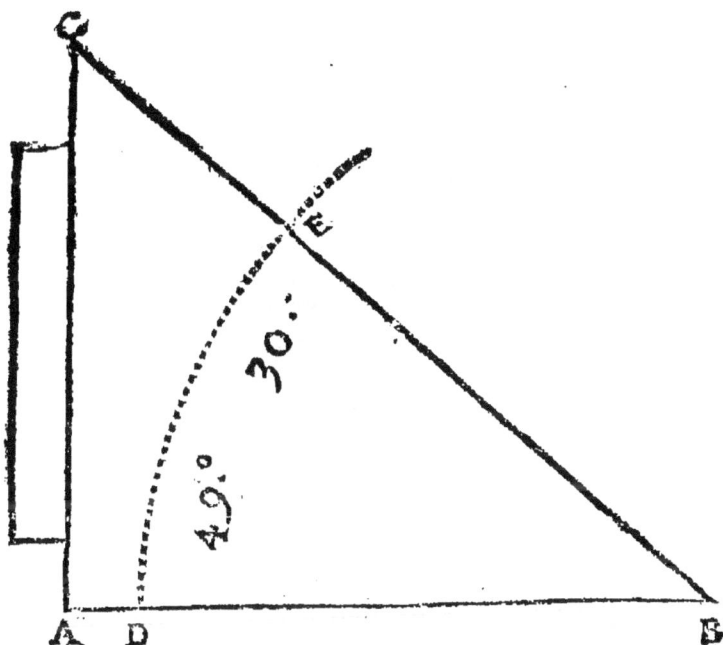

Table des degrez & minutes pour un Cadran horifontal, à l'élévation de 49°. 30'.

1 & 11 H. 11°. 31'.
2 & 10 H. 23°. 42'.
3 & 9 H. 37°. 15'.
4 & 8 H. 52°. 48'.
5 & 7 H. 70°. 35'.

Les 6 Heures & midy font tracées.

APPROBATION.

J'Ay lû par l'ordre de Monfeigneur le Garde des Sceaux le préfent Traité, intitulé HOROLOGIOGRAPHIE PRATIQUE, &c. Fait à Paris le 7 Aouft 1719

Signé, VARIGNON.

LOUIS, par la grace de Dieu Roy de France & de Navarre, à nos amez & feaux Conseillers les Gens tenans nos Cours de Parlement, Maîtres des Requêtes ordinaires de nôtre Hôtel, Grand Conseil, Prevôt de Paris, Baillifs, Senéchaux, leurs Lieutenans Civils & autres nos Justiciers qu'il appartiendra, SALUT: Nôtre bien amé PH PIERRE CABUT, Imprimeur - Libraire à Roüen, Nous ayant fait suplier de luy accorder nos Lettres de Permission, pour l'impression de petits Livres intitulez HORLO GEOGRAPHIE PRATIQUE, &ç. Nous avons permis & permettons par ces Presentes audit Cabut d'imprimer ou faire imprimer lesd. Livres, en tels volumes, forme, marge & caractere, & autant de fois que bon luy semblera, & de le vendre, faire vendre & debiter par tout nôtre Royaume pendant le tems de trois années consecutives, à compter du jour de la date desdites Presentes; faisons défenses à tous Libraires, Imprimeurs & autres Personnes de quelque qualité & condition qu'elles soient d'en introduire d'impression étrangere dans aucun lieu de nôtre obeïssance; à la charge que ces presentes seront enregistrées tout au long sur le Registre de la Communauté des Libraires & Imprimeurs de Paris, & ce dans trois mois de la date d'icelles, que l'impression de ces Livres sera faite dans nôtre Royaume, & non ailleurs, en bon papier & en beaux caracteres, conformément aux Reglemens de la Librairie; & qu'avant que de les exposer en vente les Manuscrits ou imprimez qui auront servi de copie à l'Impression desdits Livres seront remis dans le même état ou l'Aprobation y aura été donnée, és mains de nôtre cher & feal Chevalier Garde des Sceaux de France le Sieur de Voyer de Paulmy, Marquis d'Argençon, Chancelier & Garde des Sceaux de nôtre Ordre Militaire de Saint Louïs; & qu'il en sera ensuite remis deux exemplaires dans nôtre Bibliothéque publique, un dans celle de nôtre Chateau du Louvre; & un dans celle de nôtredit tres-cher & feal Chevalier Garde des Sceaux de France, Chancelier & Garde des Sceaux de nôtre Ordre Militaire de S. Louïs, le Sieur de Voyer de Paulmy Marquis d'Argençon; le tout à peine de nullité des Prefentes : Du contenu defquelles vous mandons & enjoignons de faire jouïr l'Expofant. ou fes ayans caufe, pleinement , paifiblement , fans fouffrir qu'il luy foit fait aucun trouble , ou empêchement. Voulons qu'à la copie dafdites Prefentes qui fera imprimée tout au long au commencement ou à la fin dudit Livre foi foit ajoûtée comme à l'Original : Commandons au premier nôtre Huiffier ou Sergent de faire pour l'execution d'icelles tous Actes requis & neceffaires , fans demander autre Permiffion , & nonobftant clameur de Haro, Charte Normande, & Lettres à ce contraires : car tel eft nôtre plaifir Donné à Paris le vingt-feptiéme jour du mois d'Octobre , l'an de grace mil fept cens dixneuf, & de nôtre regne le cinquiéme. Par le Roy en fon Confeil . Signé D. GOBLET.

Regiftré fur le Regiftre IV , de la Communauté des Libraires & Imprimeurs de Paris, page 524 , N° 561, conformément aux Reglemens , & notamment à l'Arreft du Confeil du 13 Aouft 1703. A Paris le 30 Octobre 1719. Signé DE LAULNE *Sindic.*

Vû ce 13 Novembre 1719. Signé BUSQUET.

Pour proportionner les Pignons aux Roües dans les quelles ils doivent engrener.
Si c'est un pignon a 8 aisles, il faut avec un calibre de fer ou de cuivre prendre quatre Dents juste de la roüe et trois espaces.
Pour un pignon de Six, prendre trois dents et deux espaces.
Pour un pignon de quatre, deux dents et un espace.
Pour un pignon de cinq, deux Dents un espace et la moitié d'une dent, ou espace.

www.ingramcontent.com/pod-product-compliance
Lightning Source LLC
Chambersburg PA
CBHW062007200326
41519CB00017B/4712